生活中的東西都可以

寫成化學式

H_2O

O_2　CO_2　H_2

N_2

山口悟 著

快樂文化

目次

序言

在我們生活周遭，有很多東西是由分子所組成的；就連我們的身體，也是由分子聚集組成。事實上，世界萬物中，很多都是由小小的分子組合而成的。

而分子可以利用「化學式」來表示，你知道什麼是化學式嗎？就像水的化學式是 H_2O，氧氣的化學式是 O_2，氫氣是 H_2……等等，用英文字母和數字來表示。我們在國中的理化課裡已經有學過化學式，到了高中後，還會在化學課裡學到更詳細的內容。

在看到這本書時，你有什麼感想呢？如果你是國中生，可能會對於「一切東西都有化學式」感到驚訝也説不定；如果你是選讀社會組的高中生，則可能會對「之前確實有學過化學式，但是沒有學到這麼多啊！還有什麼東西可以用化學式表示嗎？」抱持著興趣；如果你已經是社會人士，與化學式完全無關了，可能會打開「現在重新學習化學式的話，就能從不同的角度看世界，或許很有意思……」這扇新的大門。這本書，就是為了各式各樣不同的人們所寫的。

所以，無論是還沒決定要念社會組或自然組的學生，或是社會組出身的人，都可以在本書當中享受化學的樂趣。

如果能夠快樂的學習化學，學生們會更喜歡上課，成績還可能因此而提升。對於社會人士來說，從化學的角度來看新聞，或許更能理解科學新知，例如：諾貝爾化學獎、OLED 顯示器、頁岩油、醫藥品的開發……等等，其實世界上有很多和化學相關的話題呢！

這本書用化學式來描述生活周遭常見的許多東西，並以淺顯易懂的方式，說明在分子的世界裡，這些常見的東西是如何組成的，以及它們各有什麼作用。書中有一位擔任提問角色的「碳君」，身體形狀是 C，代表「碳元素」的 C。在這麼多元素中，為什麼選擇了碳？你或許會覺得很好奇吧！

說到碳，很多讀者可能會認為就是指黑漆漆的木炭，確實，碳是木炭的主要成分，但碳也以各種形式存在於世界上。事實上，碳也是組成我們生物體的核心原子。閱讀本書

碳君

後，你應該會注意到，在我們體內，有許多以碳為中心而組成的分子；在人造的化學產品中，也有很多含碳的物質，所以碳可不只是黑漆漆的木炭而已喔！

另外，本書中的「氧妹」和「氫博士」，也會一起來協助解說，它們是生命中不可或缺的物質——水 H_2O 之中的「氧元素」O 和「氫元素」H。

氧妹　　　　　氫博士

現在，簡單說明一下本書的內容。第一章包含了化學的基本知識，介紹構成世界萬物本質的原子與分子，還有本書書名中所提到的「化學式」。而為了使讀者更深刻理解，所以也少不了有關「化學反應式」的說明。第二章主要是講解空氣中的分子。第三章至第六章的內容中，將會從化學的角度，來看待我們生活周遭的事物，例如：廚房、洗臉臺和浴廁、客廳和臥室，以及戶外等等各種場所中存在的物質。

接下來，請盡情享受化學所帶來的樂趣吧！

Chapter **1**

化學式和化學反應式
是什麼？

在把身邊的東西寫成化學式之前，需要先了解的是，化學式是什麼呢？

我們先來思考「化學」這門學問。這裡指的不是「科」學，而是「化」學；不是 Science，而是 Chemistry，所謂「變化的學問」就稱為化學。那麼，是什麼在變化呢？答案是「分子」。要認識分子，就從我們身邊的「水分子」開始吧！

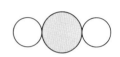

右圖是水分子的示意圖。我們知道，水是由很多水分子聚集而成的，但因為分子太小了，人眼無法直接看見。圖中的三個圓，是比分子還要小的東西，稱為「原子」。灰色的圓代表「氧原子」，另外兩個白色的圓則代表「氫原子」。像這樣非常微小的原子聚集在一起，可以組成分子。至於原子有多小呢？原子的大小只有高爾夫球的幾億分之一；順便一提，高爾夫球的大小也只有地球的幾億分之一。這樣你能想像原子到底有多小了吧？

前面談過水分子是由氧原子和氫原子所組成。那在空氣中的「氧分子」和「氫分子」要怎麼表示呢？氧分子飄浮在空氣中，是由兩個氧原子連接組成，氫分子也是由兩個氫原子連接而成。像下圖這樣，氧和氫就不是以原子的形式存在了，而是相同原子結合在一起，以「分子」的形式存在。

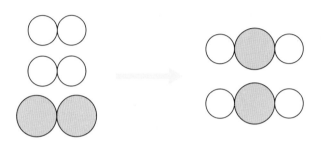

現在，你已經知道什麼是原子和分子了。讓我們言歸正傳，前面提到的化學，是指分子變化的學問，那分子是怎麼變化的呢？舉個例子，把兩個氫分子和一個氧分子放在一起燃燒後，會出現兩個水分子。

氫原子和氧原子組成的方式改變後，就變成了水分子，這表示，氫分子和氧分子，也可以重新組合變成水分子。像這樣分子變化的過程，在化學領域中就稱為「化學反應」。

把氫分子和氧分子放在一起燃燒？

用點燃的火柴靠近氫氣，會發出砰的聲音並燒起來喔！

這時，氫氣會和空氣中的氧氣反應，並產生水。但因為產生的是水蒸氣，所以肉眼看不見。

到目前為止，我們都用圓圈圖案來呈現原子，但是在化學的世界裡，並不是常常都用圓圈來表示，而是用最前面提到的「化學式」。氫分子是 H_2，氧分子是 O_2，水分子則是 H_2O。氫原子用字母 H 來表示，氧原子用字母 O 來表示，這就是所謂的「元素符號」。右下角小小的數字是代表原子的數量，當原子數量為 1 時，數字 1 就省略不寫。

化學式的說明到此告一段落，接下來讓我們利用化學式，來描述前面氫分子和氧分子燃燒後，變成水分子的化學反應吧！

$$2H_2 + O_2 \rightarrow 2H_2O$$

寫在氫分子前面的數字是 2，水分子前面的數字也是 2。這表示消耗兩個氫分子後，會產生兩個水分子；而反應過程只消耗一個氧分子，所以氧前面的數字 1 省略不寫，這就是所謂的「化學反應式」。所以，你應該已經了解什麼是「化學式」和「化學反應式」了。

接下來，除了氫原子和氧原子之外，還會出現許多不同種類的原子。例如，在序言提到過的「碳原子」，另外還有「氮原子」等等，都將陸續登場。碳的元素符號是 C，氮的元素符號是 N。許多原子組合在一起，就組成了各式各樣的分子。

那麼，就讓我們用化學式來看看生活周遭的事物吧！

Chapter 2
來看看空氣中的化學式！

1 空氣中的分子 N₂、O₂

首先，來看看大家身邊最熟悉的東西吧！放眼望去，始終圍繞在我們身邊的，就是空氣。雖然肉眼看不見，但空氣中其實有許多分子。就像前面提到的，氧氣是以兩個氧原子所組成的分子形式（O_2），飄浮在空氣中。

　　下面的圓餅圖顯示了空氣中各種成分的比例（體積百分比）。氧分子在空氣中大約佔了 20%，其餘大約 80% 都是由氮分子所組成。氮的元素符號為 N，氮分子即是由兩個氮原子（N_2）所組成，並佔據了大部分的空氣。除了氧氣與氮氣之外，其他空氣分子都屬於少數的「其他成分」。所以，我們其實生活在飄浮的分子當中呢。

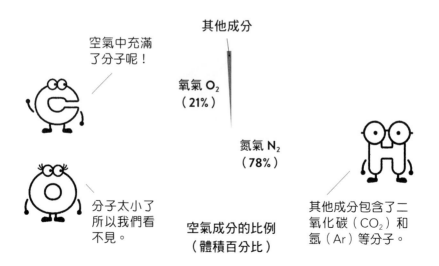

空氣中充滿了分子呢！

分子太小了所以我們看不見。

其他成分

氧氣 O_2（21%）

氮氣 N_2（78%）

空氣成分的比例（體積百分比）

其他成分包含了二氧化碳（CO_2）和氬（Ar）等分子。

2　呼吸作用與光合作用

前面提到過空氣中存在許多分子，而我們為生存所需，每天都要把空氣吸進體內。你應該聽過，人體吸入「氧氣」，吐出「二氧化碳」來維持生命，這在化學上是怎麼一回事呢？

吸氣與吐氣的過程，稱為「呼吸」，對於人體製造能量非常重要。二氧化碳是由一個碳原子和兩個氧原子組成的分子，化學式為 CO_2。空氣中有多少二氧化碳呢？它只佔全部空氣的 0.038% 而已。

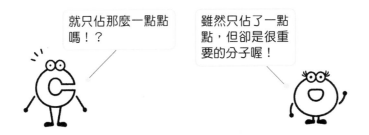

就只佔那麼一點點嗎！？

雖然只佔了一點點，但卻是很重要的分子喔！

我們人類（動物）呼吸時會排出 CO_2，在空氣中的 CO_2 扮演了什麼樣的角色呢？ CO_2 會被植物吸收利用，進行「光合作用」—— 這個你應該有聽過。光合作用是植物利用水、陽光與 CO_2 反應，產生養分的過程。在這個過程中，植物會釋放 O_2 到空氣中，可供動物呼吸。

將這一連串過程用下頁的流程圖表示，可以發現動物和植物藉由 O_2 與 CO_2 互相合作。

CO_2

動物
（呼吸作用）

植物
（光合作用）

O_2

這就是 give and take！

3　再多說一點！製造能量

前面已經說明了動物和植物會彼此交換 O_2 與 CO_2。我們為了生存，會進行呼吸作用來製造生存所需的能量，但在產生能量的過程中，需要的不只有 O_2，還需要水，以及從食物中攝取的某種分子，這就是「葡萄糖」。

Glucose 就是指葡萄糖喔！

　　你知道米飯或麵包中含有一種營養成分「澱粉」嗎？它是由許多葡萄糖相互連接所組成的大分子。將澱粉攝取到體內後，身體會把澱粉分解為小分子的葡萄糖，其化學式為 $C_6H_{12}O_6$，透過「呼吸作用」從葡萄糖獲得能量的過程，可用化學反應式表示。

呼吸作用

$$C_6H_{12}O_6 + 6O_2 + 6H_2O \rightarrow 6CO_2 + 12H_2O + 能量$$
葡萄糖

　　葡萄糖 $C_6H_{12}O_6$ 會和 O_2 及 H_2O 發生化學反應，產生 CO_2 及 H_2O，同時也會產生能量。能量的本質，是一種稱為 ATP 的分子，它攜帶巨大的能量。ATP 是 adenosine triphosphate 的縮寫，並不是化學式，中文名稱為「三磷酸腺苷」，化學式為 $C_{10}H_{16}N_5O_{13}P_3$，其中 P 是「磷」的元素符號。

　　另一方面，植物則是吸收二氧化碳來製造葡萄糖，這個過程稱為「光合作用」，可以用下面的化學式來表示。

> 人類每天會消耗 5000 公升以上的氧氣以產生能量。

光合作用

$$6CO_2 + 12H_2O + 光能 \rightarrow C_6H_{12}O_6 + 6O_2 + 6H_2O$$

葡萄糖 $C_6H_{12}O_6$ 是由 CO_2、H_2O 以及光能（陽光）共同反應所產生，同時也生成 O_2 及 H_2O。它是動物進行呼吸作用時必要的原料，而這個原料則是由植物供應。另一方面，植物也和我們一樣，利用自己製造的葡萄糖，進行呼吸作用而產生能量。

植物為動物提供了葡萄糖。

對啊！稻米、小麥和玉米等都具有澱粉，裡面含有的葡萄糖不只提供給動物使用，植物進行呼吸作用時，也會用到喔！

Chapter 3
來看看廚房裡的化學式！

這個章節中，將介紹廚房裡的物品的化學式。說到廚房裡有哪些物品，主要就是飲料或食物吧！我們會一一探討。那麼，先來看看冰箱裡的東西吧！

｜ 汽水與 CO_2

首先來聊聊汽水。因為汽水冰過後比較好喝，所以很多人會把它放進冰箱裡。汽水是在經過調味的水裡面，填充溶入二氧化碳的一種飲料 —— 雖然這樣的說明感覺起來不太好喝。二氧化碳的化學式為 CO_2，在室溫下為氣體，也就是氣態。如同前面提過的，我們呼吸吐出的氣體包含了 CO_2，汽水冒出來的氣泡也是 CO_2。但要知道的是，CO_2 很難溶於水；既然如此，汽水又是如何將 CO_2 溶入水中的呢？

實際上，在製作汽水的過程中，會施加很大的壓力，將 CO_2 強制溶解在水裡。這種增加壓力而使氣體更易溶於水中的原理，稱為亨利定律。打開汽水瓶蓋時會發出嘶嘶聲及冒出氣泡，就是因為被強制溶解在水中的 CO_2，以氣泡的形式從水中冒出來。所以瓶蓋打開後如果放著不管，CO_2 就會跑到空氣中，汽水也會變回普通的調味水。

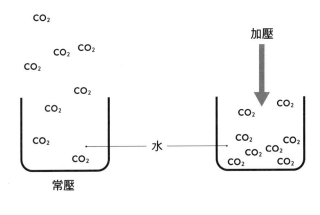

常壓　加壓

水

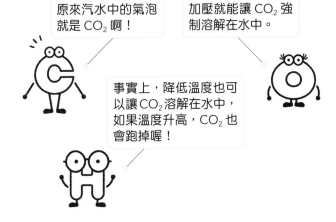

原來汽水中的氣泡就是 CO_2 啊！

加壓就能讓 CO_2 強制溶解在水中。

事實上，降低溫度也可以讓 CO_2 溶解在水中，如果溫度升高，CO_2 也會跑掉喔！

2　乾冰 CO_2

現在，我們把話題轉回冰箱的冷凍室吧！冷凍室裡可以存放冰淇淋和冷凍食品，這裡的低溫可以防止它們融化。在早期，購買冰淇淋或冷凍食品時，店家常會附上可做為保冷劑的

「乾冰」（但最近已經不常看到了……）。

　　這裡我們就來聊聊乾冰。乾冰雖然是固體，但實際上化學分子就是 CO_2。當然，CO_2 在室溫時是氣體，但在很冷的環境下就會變成固體，跟水在低溫下會變成冰是一樣的道理。水在 0℃ 時會結成冰，而 CO_2 則是大約在零下 78℃ 時才會變成固體。

　　冰淇淋或冷凍食品和溫度這麼低的乾冰放在一起，就能保持冷凍的狀態。但如果把乾冰放在室溫下一段時間，就會變回氣態的 CO_2。冰融化後會變成液體（水），但 CO_2 吸熱後會變成氣體，這個現象稱為「昇華」。最後，以肉眼來看，乾冰就會消失的無影無蹤。

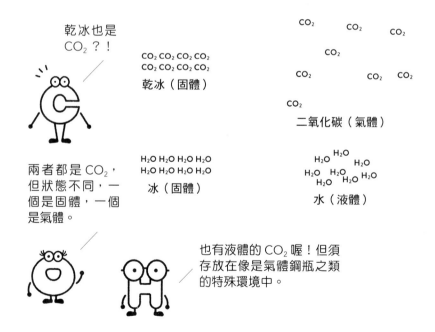

乾冰也是 CO_2？！

CO_2 CO_2 CO_2 CO_2
CO_2 CO_2 CO_2 CO_2
乾冰（固體）

CO_2　　CO_2　　CO_2
　　CO_2
CO_2　　　CO_2　CO_2
CO_2
二氧化碳（氣體）

兩者都是 CO_2，但狀態不同，一個是固體，一個是氣體。

H_2O H_2O H_2O H_2O
H_2O H_2O H_2O H_2O
冰（固體）

H_2O H_2O
H_2O　H_2O　H_2O
H_2O H_2O H_2O
H_2O H_2O
水（液體）

也有液體的 CO_2 喔！但須存放在像是氣體鋼瓶之類的特殊環境中。

3　酒 C_2H_5OH

接下來，談談不一定會放在冰箱裡的酒吧。雖然未成年的讀者可能對酒很陌生，但我們就從化學的角度來探討吧！

酒量不好的人，一喝酒馬上就會醉（順帶一提，筆者就是如此），這是因為酒裡含有酒精的緣故。化學上，將酒所含的酒精成分稱為「乙醇」，化學式為 C_2H_5OH。乙醇進入人體後，會跟肝臟中某種稱為「酶」的分子發生化學反應。酶是一種巨大的分子，可以促進化學反應。C_2H_5OH 與酶反應的過程可由以下的化學式表示（式 1）。

$$\underset{\text{乙醇}}{C_2H_5OH} \xrightarrow{\text{酶}} \underset{\text{乙醛}}{C_2H_4O} \xrightarrow{\text{酶}} \underset{\text{醋酸}}{C_2H_4O_2} \qquad \textbf{（式 1）}$$

乙醇失去兩個氫原子變成乙醛後，再得到一個氧原子而變成醋酸分子。接下來看看下面的化學式（式 2）。

$$\underset{\text{乙醇}}{CH_3CH_2OH} \xrightarrow{\text{酶}} \underset{\text{乙醛}}{CH_3CHO} \xrightarrow{\text{酶}} \underset{\text{醋酸}}{CH_3COOH} \qquad \textbf{（式 2）}$$

式 2 中分子的名稱雖然和式 1 相同，但化學式看起來有些不

同。乙醇原本是 C_2H_5OH，但寫成了 CH_3CH_2OH。C 和 H 分開表示，其他兩個分子也是如此，這麼做是盡可能以接近分子真實的排列方式來表示。這些分子的結構圖如下所示（式 3）。

標示 C 的圓圈圖案代表碳原子，H 代表氫原子，O 則代表氧原子。乙醇左邊的碳原子連接三個氫原子，相當於式 2 中的 CH_3；右邊的碳原子則連接兩個氫原子，相當於式 2 中的 CH_2。另外，右邊的碳原子還連接一個氧原子，氧原子再連接一個氫原子，就形成了 OH。搭配這個結構圖，應該就能理解式 2 中化學式的寫法。化學中很多情況是以分子的結構圖來表達，可讓人更容易理解。

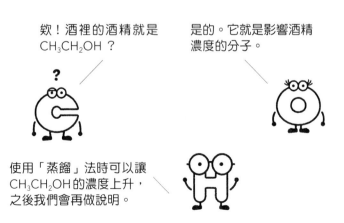

欸！酒裡的酒精就是 CH_3CH_2OH？

是的。它就是影響酒精濃度的分子。

使用「蒸餾」法時可以讓 CH_3CH_2OH 的濃度上升，之後我們會再做說明。

　　現在，讓我們再多思考一下這個反應吧（式4）！首先，乙醇受到酶的作用，失去兩個氫原子而變成乙醛；然後，再次藉由酶的作用，使乙醛獲得一個氧原子，形成醋酸分子。當知道分子中增加或減少了哪些原子，你也開始了解化學囉。

$$\underset{\text{乙醇}}{CH_3CH_2OH} \xrightarrow[\text{酶}]{-2H} \underset{\text{乙醛}}{CH_3CHO} \xrightarrow[\text{酶}]{+O} \underset{\text{醋酸}}{CH_3COOH} \quad （式4）$$

失去兩個 H　　　　　　　　　　　增加一個 O

　　另外，人體內產生的醋酸會被進一步分解並排出體外，這也是攝取乙醇後發生的化學反應。但是，如果喝了過量的酒，超過體內的酶所能反應的量，乙醇和乙醛就會殘留在體內。乙醛會引起頭痛和噁心想吐的感覺，這就是宿醉的原因。

4　再多說一點！關於酶

這裡，我們來更詳細的介紹酶。酶是一種能促進化學反應的分子，也稱為酵素。在前面所介紹乙醇和酶的反應中，第一階段和第二階段是不同的酶在引發作用。將乙醇轉化成乙醛的酶，稱為「醇脫氫酶」（Alcohol Dehydrogenase，ADH），而將乙醛轉化成醋酸的酶，則稱為「醛脫氫酶」（Aldehyde

Dehydrogenase，ALDH）。接受過酒精代謝能力檢測的人，可能有聽過 ADH 與 ALDH。

　　構成酶的主要原子包括 C、H、O、N 及 S（硫），與目前介紹過的原子種類差異不大，但與那些分子相比，酶是非常巨大的物質。例如 ADH 和 ALDH 的質量，是乙醇和乙醛的 1000 倍以上！你可以想像它有多大了吧！

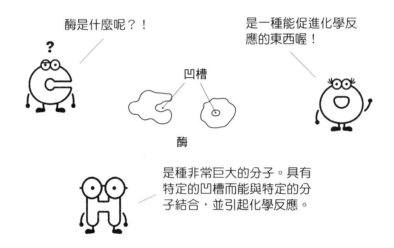

酶是什麼呢？！

是一種能促進化學反應的東西喔！

凹槽

酶

是種非常巨大的分子。具有特定的凹槽而能與特定的分子結合，並引起化學反應。

　　酶有各種不同的種類，各有其不同的作用，我們體內也有許多不同類型的酶（本書中還會出現其他酶）。另外，即使是同種類的酶，組成酶的部分原子會因人而異，所以作用的強度也不同。ADH 和 ALDH 作用的強度也是因人而異，因此有的

酶有各種不同的種類，各自扮演不同的角色。

人酒量好，有的人酒量差。順帶一提，在第二章裡介紹的呼吸作用與光合作用，也需有體內酶的作用，才可順利進行。

5 鹽 NaCl

說完冰箱裡的東西後，我們來聊聊廚房裡各式各樣的調味料。先來看看鹽吧！鹽的化學式為 NaCl，由鈉 Na 和氯 Cl 兩種原子所組成。NaCl 是鈉和氯以 1：1 的規律，一個接著一個連接而成的。

下方示意圖是以平面表示，只能顯示一部分的結構，實際上鹽是由鈉和氯向四面八方延伸排列而組成的鹽晶體。

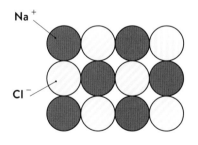

仔細看看示意圖，圓圈圖案的標示並非 Na 和 Cl，而是 Na^+ 和 Cl^-。元素符號右上方的＋，代表原子帶有正電；若右上方為－，則代表原子帶有負電。鈉容易帶正電，而氯則容易帶負電。

帶有正電荷或負電荷的物質，稱為離子，Na⁺稱為「鈉離子」，而Cl⁻則稱為「氯離子」。鹽的晶體就是由帶正電的鈉及帶負電的氯，以異性電荷互相吸引的方式組合而成的。

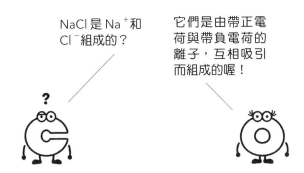

NaCl是Na⁺和Cl⁻組成的？

它們是由帶正電荷與帶負電荷的離子，互相吸引而組成的喔！

組成鹽晶體的離子整齊的排列在一起，但放入水中後，很容易就會分解成一個個離子。也就是說，鹽可以溶解在水中。

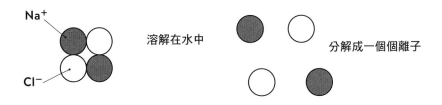

Na⁺

Cl⁻

溶解在水中

分解成一個個離子

一般來說，要分解已結合在一起的原子並不容易，就像要分解出 H₂ 中的 H，以及 O₂ 中的 O 時，必須透過加熱才辦得到。還有，想分解進入人體內的 CH₃CH₂OH，並使其轉化成 CH₃CHO，就必須要有酶這種特殊分子的參與才行。那麼，為什

麼 NaCl 一放入水中，就很容易被分解呢？

在回答這個問題之前，我們先詳細說明一下水分子 H_2O 吧！H_2O 雖然不是離子，但它也帶有微量的電荷。這種情況下，利用化學來表達「些微」的意思時，會使用 δ（Delta）來表示，如下圖所示的 δ＋與 δ－。

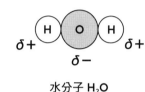

水分子 H_2O

如圖所示，氧容易帶負電，氫則容易帶正電。順帶一提，原子容易帶正電或帶負電，跟種類有關。

容易帶正電的原子：氫 H、鈉 Na；

容易帶負電的原子：氧 O、氯 Cl、氮 N、氟 F；

不容易帶電的原子：碳 C。

了解水分子的特性後，再回來談談鹽吧！下一頁圖是 NaCl 溶於水中後，形成食鹽水的示意圖。鈉離子（Na^+，帶正電）和 H_2O 中的 O（δ－，帶負電）、氯離子（Cl^-，帶負電）和 H_2O 中的 H（δ＋，帶正電）因異性電荷相吸而結合，這個作用使 NaCl 很容易就能溶解在水中。

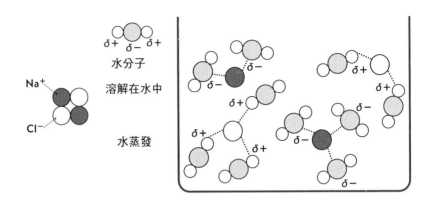

NaCl 在水中會受到 H$_2$O
的 δ＋與 δ－影響，分解
成一個個離子。

　　話說回來，市面上販售的鹽是從哪裡取得的呢？具有大量
鹽的地方就是大海了，人們將海水晒乾，從中取得 NaCl。實際
上，這個方法就是將鹽溶入水中的逆向操作。以上圖來看，海水
相當於圖的右側，也就是 NaCl 溶解在 H$_2$O 中的狀態。H$_2$O 蒸
發後，就相當於圖的左側，NaCl 會以固體的型態出現。像這樣，
人們就可以取出海水中的鹽，並加工製成商品。

　　再說另一個與鹽有關的話題。你知道什麼是「鹽漬」嗎？這
是一種將魚、肉、蔬菜、梅子之類的食物，用鹽來醃製的方法，

這樣可以達到食物調味及延長保存期限的目的。

　　為什麼使用鹽醃漬的食物不容易腐壞，保存時間也更長呢？首先，食物會腐壞，是因為食物中的微生物大量繁殖的結果；而微生物和我們一樣，都需要水才能生存與繁殖。當梅雨季節來臨，在溼度高而悶熱的環境下，食物就很容易腐壞，所以除去食物中的水分，就是能長時間保存的關鍵。因為鹽具有容易和水互相吸引的特性，因此能夠有效的吸收食物中的水分，以防止微生物大量繁殖。

6　砂糖 $C_{12}H_{22}O_{11}$

我們繼續看看其他的調味料吧。先來聊聊砂糖！砂糖的主要成分，是一種可以讓我們感覺到甜味的美好分子——蔗糖，化學式為 $C_{12}H_{22}O_{11}$，是由葡萄糖 $C_6H_{12}O_6$ 及果糖 $C_6H_{12}O_6$ 這兩種分子連接組合而成的。

　　葡萄糖在介紹呼吸作用與光合作用時就提過了，果糖則是第一次提到，但仔細觀察它的化學式，會發現它和葡萄糖一樣都是 $C_6H_{12}O_6$。一樣的化學式，為何會有不一樣的名稱呢？事實上，即使寫成相同的化學式，但是當分子組合成各種不同的形狀構造時，就會變成不一樣的分子。

下圖是葡萄糖與果糖的詳細構造。我們不再使用之前的圓圈圖案，而是使用元素符號來表示，並將原子和原子之間以線來連接。如圖所示，葡萄糖與果糖有較為複雜的結構。

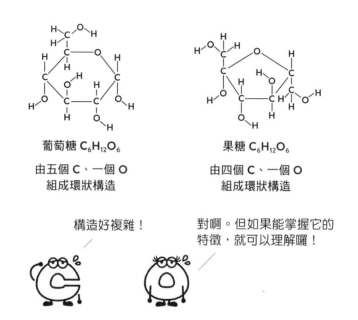

葡萄糖 $C_6H_{12}O_6$
由五個 C、一個 O
組成環狀構造

果糖 $C_6H_{12}O_6$
由四個 C、一個 O
組成環狀構造

構造好複雜！

對啊。但如果能掌握它的特徵，就可以理解囉！

要分辨它們不太容易，但葡萄糖和果糖最大的差異，就是六角形與五角形的環狀結構。葡萄糖的 $C_6H_{12}O_6$，是由五個 C 與一個 O 組成環狀結構，而果糖的 $C_6H_{12}O_6$，則是由四個 C 與一個 O 組成環狀結構。

另外還有一個很重要的共同特徵，那就是這兩個分子都有很多由氧 O 和氫 H 連接組成的部分。下頁圖中加上底色的地方，就稱為「羥基」（氫氧基）。羥基非常重要，請記住它們。

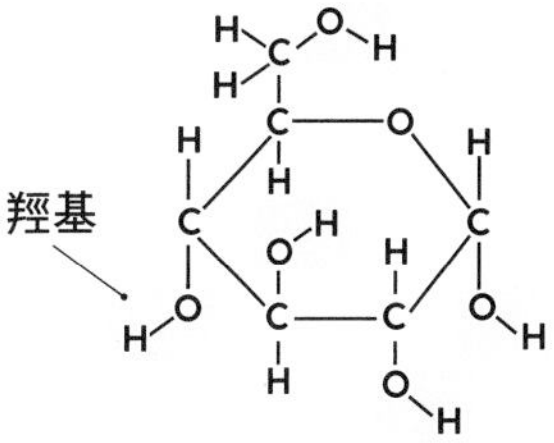

羥基

葡萄糖 $C_6H_{12}O_6$

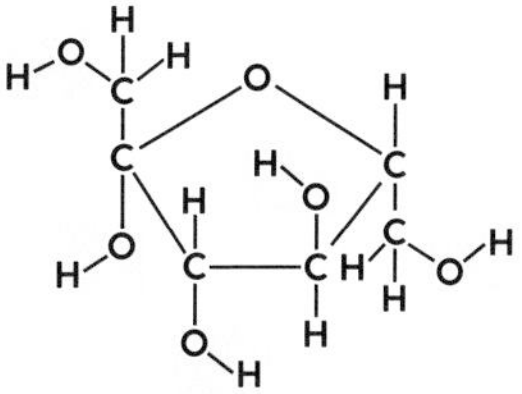

果糖 $C_6H_{12}O_6$

就像這樣，即使兩種分子的化學式都是 $C_6H_{12}O_6$，但細部的結構還是有所不同。右圖將葡萄糖和果糖，用可反映出環狀特徵的示意圖來表示，葡萄糖是六角形，果糖則是五角形，並分別以葡萄糖英文 Glucose 的 G，及果糖英文 Fructose 的 F 來標示。

葡萄糖

果糖

特徵部分的「羥基」，則使用兩個圓圈圖案來表示。

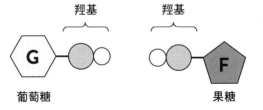

羥基

羥基

G

F

葡萄糖

果糖

仔細觀察，羥基和水分子 H_2O 很像，所以它們有一些相似的性質。這會是我們之後談論的重點，所以請先把它記下來。

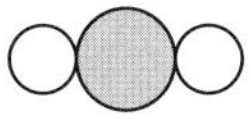

H_2O

現在再回來聊聊糖。前面已經提過糖的主要成分蔗糖，是由葡萄糖及果糖所組成。在葡萄糖和果糖的羥基中，去除兩個氫原子和一個氧原子，也就是去除一分子的水（H_2O），讓這兩個分子連接在一起，成為蔗糖。

實際計算也可以獲得驗證。$C_{12}H_{22}O_{11}$（蔗糖）中 C 的 12 是 6×2=12；H 的 22 是 12×2=24，減去水分子的 2 個 H，也就是 24 － 2=22；O 的 11 是 6×2=12，減去水分子的 1 個 O，也就是 12 － 1=11，最後可得到蔗糖的化學式 $C_{12}H_{22}O_{11}$。

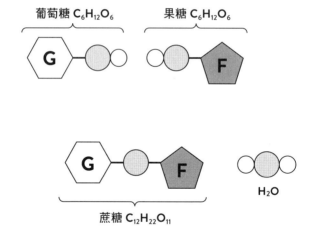

如果以結構圖來表示蔗糖，就如下頁圖所示，可以看出它具有複雜的構造。

蔗糖 $C_{12}H_{22}O_{11}$

話說回來，前面提到鹽是從海水中取得，那糖（蔗糖）又是從哪裡得到的呢？答案是從植物中取得。先前我們介紹過，植物進行光合作用時會產生葡萄糖，除此之外，植物也會產生蔗糖。甘蔗和甜菜這類植物進行光合作用的能力很強，可以產生大量的蔗糖，所以這兩種植物是製造砂糖的主要原料。我們食用砂糖後，主要成分蔗糖，會被腸道中的「蔗糖酶」分解成葡萄糖和果糖。說到這裡，我們體內的酶又再次引起化學反應了呢！

把化學反應式寫出來，如下面所示。

$$C_{12}H_{22}O_{11} + H_2O \xrightarrow{\text{蔗糖酶}} C_6H_{12}O_6 + C_6H_{12}O_6$$

蔗糖 　　　　　　　　　　　　　葡萄糖　　　果糖

前面提到過進行呼吸作用時會使用葡萄糖 $C_6H_{12}O_6$，並產生能量，由此可知，糖是我們重要的能量來源。

糖的好處不是只有甜甜的而已喔！

7 再多說一點！砂糖與水的關係

我們在談論鹽的時候提過「鹽漬」，但你知道還有「糖漬」嗎？糖和鹽一樣具有容易吸收水分的特性，所以能抑制微生物的繁殖，有利於長期保存食物。

糖和鹽的化學式完全不同，但易於吸收水分的特性卻很相似。仔細想想這也是理所當然的，因為糖跟鹽都很容易溶解在水中。可想而知蔗糖 $C_{12}H_{22}O_{11}$ 和鹽 NaCl 一樣，具有某種可以吸引 H_2O 的能力。

就鹽來說，是鹽晶體 NaCl 與水 H_2O 以靜電力互相吸引，NaCl 分解成一個個離子而溶入水中。但以糖來說，既不是蔗糖本身被分解，也不是形成離子。蔗糖易溶於水，是因為分子帶有「羥基」，羥基和水有相似的性質，這是很重要的關鍵。

水分子的 O 容易帶負電，H 容易帶正電。如下圖，H 是 $\delta+$，O 是 $\delta-$，δ 代表「些微」。羥基和水分子一樣都帶有些微的電荷，所以你可以猜到它們具有類似的性質。

接下來，我們來想想蔗糖的結構圖。下頁圖將蔗糖全部的羥基都標示出來了。蔗糖的羥基溶於水中後，會與周圍水分子的正

電（δ＋）及負電（δ－）處相互吸引，因為蔗糖總共有八個羥基，所以很容易和水分子互相吸引。

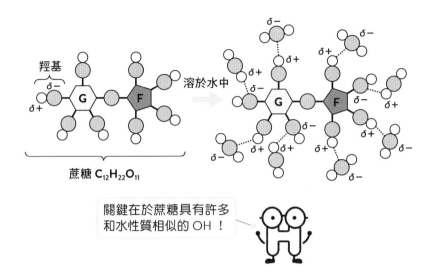

羥基

G

F

溶於水中

G

F

蔗糖 $C_{12}H_{22}O_{11}$

關鍵在於蔗糖具有許多和水性質相似的 OH！

糖放入水中後，因為上述作用的影響，所以很容易溶解在水中，我們用一個非常簡單的示意圖來說明。首先，把蔗糖簡化為兩個方塊。

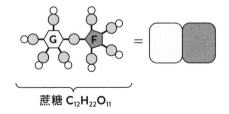

G

F

=

蔗糖 $C_{12}H_{22}O_{11}$

很多蔗糖分子聚集成晶體，就是砂糖。將砂糖放入水中後，

羥基與水會因為電性關係而互相吸引，原本聚集在一起的蔗糖，就會被分解開來，也就是糖溶解在水中的過程。

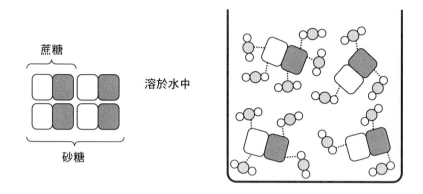

蔗糖

溶於水中

砂糖

8 再多說一點！鹽與砂糖的味道

目前為止，我們討論了很多關於鹽和糖的知識，它們從很久以前就被人類使用，而且具有很多共同點。首先，鹽可以從海水中取得，糖可以從植物中取得，都是自然界能夠取得的東西；其次，兩者都易溶於水。而且它們也具有脫水的效果，對於保存食物很有幫助。

雖然這兩者有很多共同點，但卻有著決定性的差異，當然就是──味道！我們都知道，鹽是鹹的，而糖是甜的。那麼，我們

是如何感受味道的呢？答案就是透過舌頭上的「細胞」，將味覺資訊傳遞到大腦，讓我們感覺到味道。那什麼是細胞呢？人體是由細胞所組成的，細胞比我們目前為止提到的分子大很多，而且也比酶還要大。

用具體數字來比較吧！1 mm（毫米）的百萬分之一是 1 nm（奈米），氫原子大小約為 0.1 nm，水分子則大約是 0.4 nm。

超級小的！

奈米科技或奈米機器等，常在新聞或科幻小說中聽到呢！

那麼，酶有多大呢？依照種類的不同，大小當然也有所差異。人類最早解析出構造的酶「溶菌酶」，直徑大約為 4 nm，是已知酶的種類中最單純的一種。

溶菌酶是一種具有殺菌作用的酶，存在於人的眼淚和鼻涕之中，可以保護我們不受壞菌的侵害。

那麼我們常聽到引發疾病的「病毒」有多大呢？它的大小雖然因種類而異，但一般為 100 nm 左右。相對而言，人體細胞

的大小大多落在 1 萬到 10 萬 nm（10~100 μm〔微米〕）的範圍，與酶和病毒相比，是非常巨大的；換算成毫米的話，大約是 0.01 mm 到 0.1 mm。雖然比較大，但仍比一般直尺的最小單位 1 mm 還要小。

細胞的英文為 Cell，原意是指很小的房間。細胞的種類很多，有些形狀就像房間一樣，有些則不像，而且每種細胞的作用也不盡相同。據說，人體大約是由 37 兆個細胞聚集組成的！

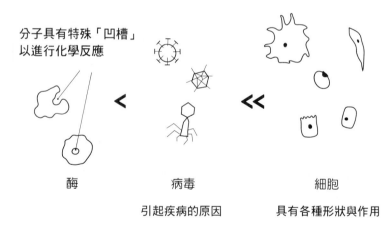

H < H$_2$O < 溶菌酶 < 病毒 << 細胞

0.1 nm   0.4 nm   4 nm   ~100 nm   10000~100000 nm

分子具有特殊「凹槽」以進行化學反應

< <<

酶　　　　　病毒　　　　　細胞

引起疾病的原因　　　具有各種形狀與作用

近期的研究發現，有幾種不同類型的細胞可以用來傳遞味覺。目前已知糖類的甜味、鹽類的鹹味分別是由「II 型細胞」、

「III 型細胞」來傳遞。雖然也存在著「I 型細胞」，但目前並沒有明確的研究顯示，它們具有向大腦傳遞味覺訊息的功能。

　　糖中的蔗糖會附著在 II 型細胞上，鹽中的鈉離子（Na$^+$）則會進入 III 型細胞中。它們藉由電訊號或化學物質，傳遞訊息給掌管味覺的神經，這些訊息傳遞到大腦整合後，就會感覺到「甜」或是「鹹」的味道。

　　蔗糖會附著在細胞上的特定位置，這個部位稱為「受體」，之後我們還會多次提到：另外，Na$^+$ 進入細胞的通道位置也是特定的。

　　順帶一提，雖然詳細情況還不夠明確，但 NaCl 的氯離子（Cl$^-$）應該也會在細胞的某處發揮作用。

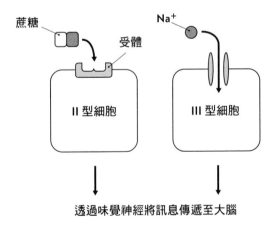

9 米 $(C_6H_{10}O_5)_n$

接下來，我們談談米吧！很多人每天都會吃米飯，無論是煮的米飯、炒飯，或是用微波爐加熱過的米飯。米是一種非常重要的食材，它包含了哪些成分呢？米的主要成分是「澱粉」，當然澱粉也是種分子，讓我們透過澱粉分子，來看看米的化學性質吧！澱粉可用下面的化學式表示。

$$(C_6H_{10}O_5)_n$$

它與目前為止出現過的化學式不同，括號起來後，右下角寫了一個小小的 n，代表「某個數量」。如果 n 是 3，代表分子的結構是由三個 $C_6H_{10}O_5$ 所組成，也就是 $C_6H_{10}O_5$ 的結構重複連接組合而成的意思。$(C_6H_{10}O_5)_n$ 的 n，範圍約在 200~300 之間。

事實上，前面多次出現的「葡萄糖」重複連接組合時，就會變成澱粉 $(C_6H_{10}O_5)_n$。前面提過，蔗糖 $C_{12}H_{22}O_{11}$ 分子是由葡萄糖 $C_6H_{12}O_6$ 和果糖 $C_6H_{12}O_6$ 去除水 H_2O 後結合而成的，和這個狀況類似，你可以一起記住。

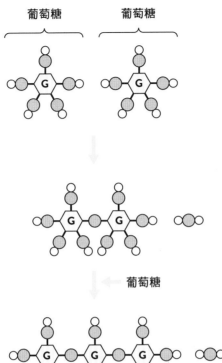

葡萄糖   葡萄糖

G   G

G G   ← 葡萄糖

G G G   ← 葡萄糖

200~300 個葡萄糖結合在一起就是澱粉

　　兩個、三個葡萄糖連接在一起，最後變成 200~300 個葡萄糖連接起來。像這樣由許多分子重複連接所組合而成的物質，就稱為「高分子」。下頁以簡單的示意圖來表示澱粉。

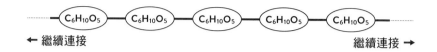

← 繼續連接　　　　　　　　　　　　　　　繼續連接 →

　　每連接一個葡萄糖 $C_6H_{12}O_6$，就會去除一個 H_2O，而形成 $C_6H_{10}O_5$ 重複連接的構造。H 和 OH 則是出現在整體結構的兩端，但它們常被省略掉，而成為一開始出現的 $(C_6H_{10}O_5)_n$。實際上澱粉分子的結構如下圖所示，每隔一定的間隔就會旋轉。

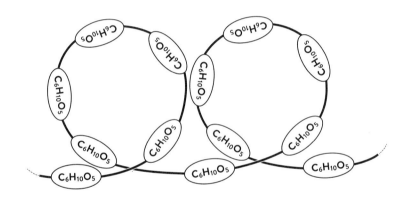

　　那麼同樣都是米，但吃起來口感不一樣的「糯米」呢？糯米的口感 Q 彈有嚼勁，感覺跟普通白米是不同的分子。糯米的化學式如下。

$$(C_6H_{10}O_5)_n$$

　　無論是糯米還是一般的米，化學式都是由澱粉 $(C_6H_{10}O_5)_n$ 所組成，但為什麼口感卻有所差異呢？我們來探究一下原因吧！

　　事實上，澱粉分為「直鏈澱粉」和「支鏈澱粉」這兩種高分子類型。前面介紹過的澱粉，屬於直鏈澱粉；而支鏈澱粉又是什麼樣的分子呢？我們改從分子結構來思考。直鏈澱粉是葡萄糖以直線方式連接在一起的高分子；而支鏈澱粉則是部分的葡萄糖產生分支，再連接組合而成的分子。

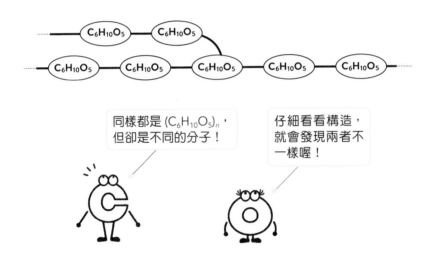

同樣都是 $(C_6H_{10}O_5)_n$，但卻是不同的分子！

仔細看看構造，就會發現兩者不一樣喔！

　　我們來看看支鏈澱粉的分支結構圖。如下頁圖所示，產生分支的位置，位於葡萄糖的羥基上。

此處的羥基將與葡萄糖連接

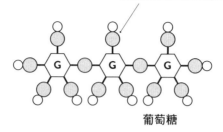

葡萄糖

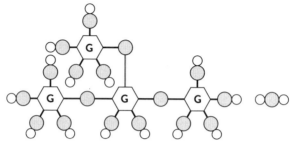

　　支鏈澱粉的分子質量較大，結構較複雜，一般至少連接約 2000~3000 個葡萄糖分子。下圖是從遠一點的距離來看支鏈澱粉的示意圖，箭頭所指的位置就是分支的部分。

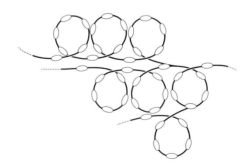

是一般的米還是糯米，是由直鏈澱粉和支鏈澱粉含量的比例來決定的。一般的米中大約含有 20~25% 的直鏈澱粉，所以支鏈澱粉的含量約為 75~80%；而糯米中所包含的澱粉，幾乎 100% 都是支鏈澱粉。只是改變「連接方式不同的分子」的比例，口感就會產生很大的變化，這真是不可思議！

米中所含直鏈澱粉和支鏈澱粉的比例，是口感變化的關鍵。

在此我們介紹了葡萄糖如何連接組合成直鏈澱粉和支鏈澱粉。實際上在生物體內（如水稻等植物），酶和其他分子的反應較為複雜，甘蔗之類的植物製造蔗糖（葡萄糖＋果糖）也是一樣的道理。

10 再多說一點！環狀分子「環糊精」

這裡要介紹一種由澱粉組成的獨特分子，雖然內容較難，但也十分有趣，我們一起來了解它！當澱粉 $(C_6H_{10}O_5)_n$ 與「環糊精葡萄糖基轉移酶」（CGTase）作用時，就會形成由六至八個葡萄糖連接組成的環狀分子。這些分子稱為「環糊精」，而且是根據葡萄糖的個數來命名。

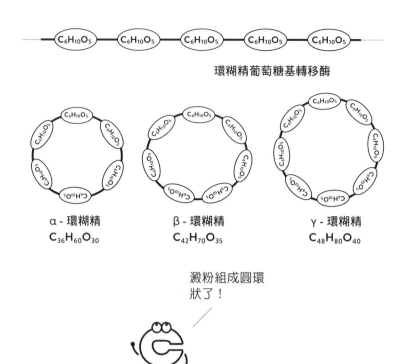

環糊精葡萄糖基轉移酶

α - 環糊精
$C_{36}H_{60}O_{30}$

β - 環糊精
$C_{42}H_{70}O_{35}$

γ - 環糊精
$C_{48}H_{80}O_{40}$

澱粉組成圓環狀了！

　　由六個葡萄糖所組成的環狀分子，稱為「α-環糊精」（$C_{36}H_{60}O_{30}$）；由七個葡萄糖所組成的，稱為「β-環糊精」（$C_{42}H_{70}O_{35}$）；由八個葡萄糖所組成的，則稱為「γ-環糊精」（$C_{48}H_{80}O_{40}$）。

　　利用環糊精葡萄糖基轉移酶，使用玉米所含的澱粉，進行工業化生產後可製造出環糊精，如圖所示，這些分子的特徵是環狀的。葡萄糖和果糖分別具有六角形和五角形的結構，但環糊精的分子與它們不同，是巨大的環狀結構，它具有利用內部空洞來捕

捉分子的有趣特性。而且，環糊精也能反過來將捕捉到的分子慢慢釋放出來。

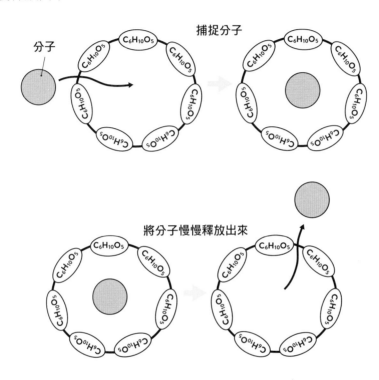

因為這個特性，環糊精有了各種用途。例如一些可以噴出霧狀氣體的家用除臭芳香劑中，就含有環糊精。這些芳香劑是使用一種稱為「甲基化 β- 環糊精」的分子，是由 β- 環糊精經過化學反應變成的；當然，仍是維持環狀的結構。

有些除臭商品標示的成分名稱是「環狀寡糖」喔！

除臭芳香劑能消除難聞的味道（除臭），並散發香味（芳香）。那我們是如何感覺到這些味道的呢？是難聞的味道還是芬芳的香味，都跟分子有關。這些氣味分子，是以氣體的形式存在，飄散在空氣中，然後傳到我們的鼻子。

氣味的分子被我們鼻腔內細胞的受體（分子附著的地方）捕捉，然後透過嗅覺神經，以化學物質及電訊號的形式，傳遞嗅覺訊息。氣味分子有許多種類型，同時也有各式各樣的受體存在。人類大約有 400 種氣味受體，因此能感受到多樣的氣味。

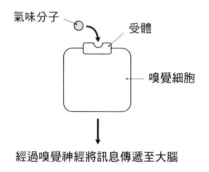

經過嗅覺神經將訊息傳遞至大腦

再回來談談除臭芳香劑。由於環糊精能捕捉和釋放分子，所以製造時先將香味分子摻入環糊精中，讓環糊精慢慢釋放出香氣，再利用空洞捕捉臭味分子，這就是除臭芳香劑的功效。

而會被捕捉的不只有氣味分子，「味道」分子也會被捕捉。環糊精捕捉那些有「味道」的分子，對我們有什麼好處呢？

例如，環糊精能捕捉讓茶產生苦澀味的分子，而茶的苦澀味

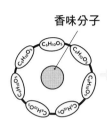
香味分子

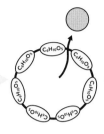

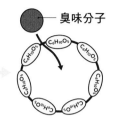
臭味分子

和一種稱為「兒茶素」的分子有關。兒茶素已被證實具有減少體
脂肪的功效，但要真正達到降低體脂的效果，就必須攝入相當大
量的兒茶素才行；因此，市面上販售許多含有大量兒茶素的健康
食品。如果茶中的兒茶素濃度過
高，會讓茶過於苦澀而難以入口；
所以先在茶中加入環糊精，讓環糊
精捕捉兒茶素，就能抑制苦澀味，
讓茶變得更順口好喝。

環糊精可以用在令人
意想不到的地方呢！

11 油與脂肪分子

我們繼續看看廚房吧！這裡我們將從化學的角度來探討烹飪中不可或缺的「油」。說到油，會令人想到像沙拉油一樣的液體；說到油膩的食物，則會想到肉類上的油或奶油之類的東西，這些都是固體。

化學中，可以區分成液體的「油」及固體的「脂肪」，兩者合稱為「油脂」。那麼，油脂有什麼樣的化學結構呢？它包含了各種結構的分子，我們以下圖來表示油脂的構造。

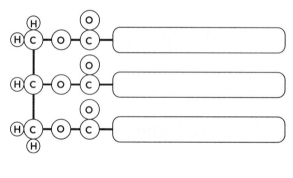

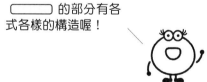

的部分有各式各樣的構造喔！

從圖的左側開始，有五個氫原子 H，有三個碳原子 C，三個氧原子 O；再往中央，各有三個碳 C 和氧 O，這些部分是油脂

的共同結構。圖的右側則是長鏈部分，在不同種類的油脂中，這個部分有不同的結構，例如下圖舉出了四種構造。

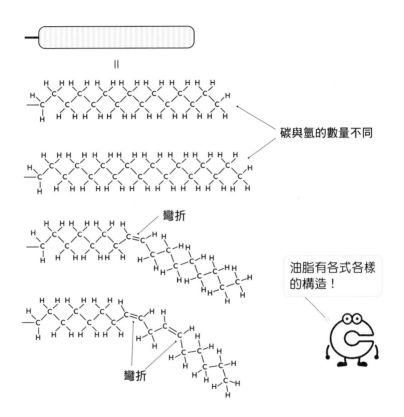

碳與氫的數量不同

彎折

油脂有各式各樣的構造！

彎折

　　長鏈構造中，有很多碳C，而且每個碳C都與氫H相連接。這四種結構之間，除了碳與氫的數量不同外，碳與碳之間的連線也有差異。

　　仔細看一下，碳與碳之間由兩條線連接的部分，是彎折的。由這兩條線加強連接的部位，因角度被固定住，所以成為強制彎

折的結構。除了這四種結構外，還有很多其他類型。在油脂中，這些結構以各式各樣的方式組合，因各種結構的比例不同，油脂的性質及實際外觀也有所不同。例如，油脂是呈現固體（脂肪）還是液體（油），便是由各種結構的比例決定。

我們先將油脂分子簡單繪製如下圖。先前以圓圈圖案表示碳、氧、氫的部分，簡化成四邊形，然後將整個分子框起來，變成圖①。

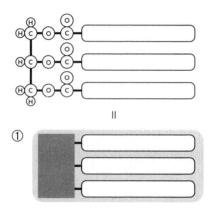

另外，具有彎折結構的長鏈分子，就畫成彎形，然後也將整個結構框起來，變成圖②。

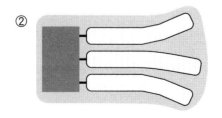

　　舉例來說，當所有油脂都是①類型的情況下，分子會傾向緊密聚集在一起。如下圖，可以看見油脂分子靠得很緊。這種狀況下，油脂通常是固體狀態。

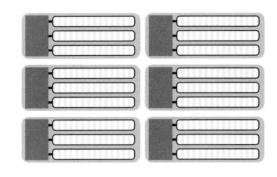

　　另一方面，②類型油脂因為具有很多彎折的結構，所以分子很難緊密的聚集在一起。如下圖，因為油脂分子的形狀歪曲，所以分子之間不會過於擁擠。這種狀況下，分子很容易到處移動，所以通常是以液體的狀態存在，而不會凝固為固體。

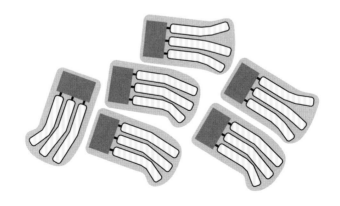

順帶一提，液體油脂大部分來自於植物，像沙拉油就包括菜籽油、大豆油和葵花籽油等成分。而固體油脂則多數來自於動物，例如肉類的脂肪或奶油等，都是從動物身上取得的。

上頁兩張圖中，是以分子全部為直線結構及全部為彎折結構的狀況來說明。但實際上，直線結構及彎折結構分子的比例，是混合且不固定的，這也決定了油脂是固體還是液體。

12　油脂的變質

我們來進一步認識油脂（油和脂肪）吧！空氣中的氧氣，是導致油脂變質的原因之一。將油或含有油脂的產品放在室溫下接觸空氣一段時間，就會產生難聞的氣味及不好的味道；如果放置的時間更長，還會飄出刺鼻的酸臭味。這是因為空氣中的氧氣與油脂發生化學反應，產生出會散發難聞氣味的分子。這個反應是由光及熱所引起的（即使在室溫下也有熱存在），如下頁圖所示，空氣中的氧氣以圓圈圖案來表示。空氣中的氧氣是由兩個氧原子 O 組合成氧分子 O_2 的形式存在。

起初，O_2 會聚集在油脂彎折處（C 與 C 之間以兩條線連接的部位），這會使油脂分子的結構變得不穩定，所以會藉由捕捉周圍的氫來獲得穩定，例如，捕捉其他油脂分子中的氫原子。

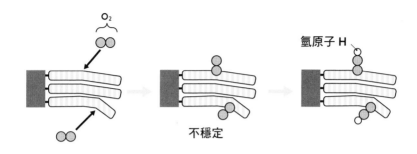

然而即使如此，分子仍是不穩定狀態，所以油脂右側的長鏈部分通常會分解斷掉。斷掉的部分和一個氧原子 O 連接組合，變成新的分子。這些分子中，就有產生難聞或刺鼻氣味的分子。

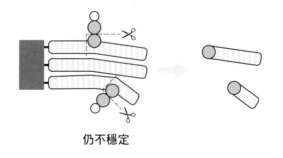

加熱後會使油脂經過複雜的化學反應而變質，並產生各種分子。

油炸食品是用 160~180℃的高溫來油炸，所以會使油分解。

重複使用相同的油，就會逐漸產生各種分子，而使油變色或變得黏稠，產生明顯的變質。

13 小黃瓜與番茄的氣味

廚房的介紹也快接近尾聲了,這裡要開始談論有關蔬菜的化學。提到蔬菜,有小黃瓜、番茄、洋蔥、蘿蔔等各式各樣的種類,切開這些蔬菜時,是不是會飄出獨特的氣味呢?這些特殊的氣味也是來自於某些分子。

首先來看小黃瓜與番茄。這些蔬菜的香味是這樣來的:當切開小黃瓜或番茄時,它們的細胞會被破壞,然後「脂肪酶」就會和構成細胞的油脂、磷脂、醣脂等發生反應。磷脂和醣脂的構造類似油脂。

我們將以油脂為例,來說明這個反應。油脂與脂肪酶發生反應時,也需要有水來參與,當然,蔬菜中含有大量的水分,當反應發生時,油脂就會像下面的圖一樣,在箭頭指示的位置分解(氧 O 與碳 C 之間)。

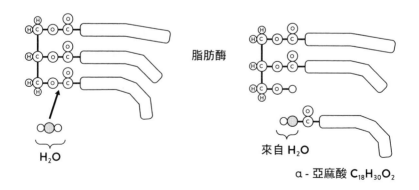

脂肪酶

H₂O

來自 H₂O

α - 亞麻酸 $C_{18}H_{30}O_2$

　　油脂被分解的位置，與前面介紹，因 O_2 作用而分解的位置不一樣。油脂分解後會形成兩個分子，而小黃瓜與番茄的香味就與其中較小的分子「α - 亞麻酸」（α - Linolenic acid，$C_{18}H_{30}O_2$）有關；這個分子的左側，保留了 H_2O 的氧與氫，我們來仔細觀察一下它的結構吧！

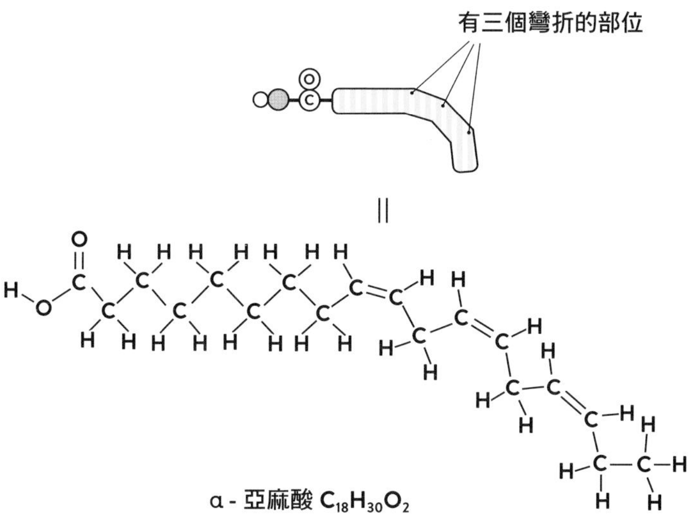

有三個彎折的部位

α - 亞麻酸 $C_{18}H_{30}O_2$

　　分子有三處彎折的部位，也就是兩個碳之間以兩條線連接的地方。具有這種結構的 α - 亞麻酸，再進一步分解成更小的部分時，就會變成帶有小黃瓜與番茄香味的分子。

　　那麼，我們來看看分解的過程。小黃瓜的情況是「脂氧合酶」和「解離酶」兩種酶發生作用，並引發下頁的反應。

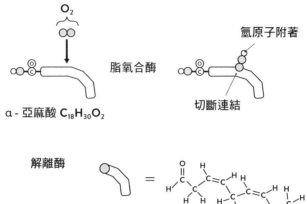

脂氧合酶

氫原子附著

切斷連結

α - 亞麻酸 $C_{18}H_{30}O_2$

解離酶

=

順 , 順 - 3,6 - 壬二烯醛
$C_9H_{14}O$

一開始的反應，是由「脂氧合酶」所引起的。O_2 附著在 α-亞麻酸上，接下來氫原子也附著在上面，這與空氣中的氧氣使油脂變質的反應類似。油脂的變質是隨著時間慢慢產生的，但一切開小黃瓜就會馬上散發出香味。兩者是類似的反應，但為何氣味產生的時間不一樣呢？這是因為酶參與了小黃瓜的這項反應。酶具有促進化學反應的功用，因此反應會立即發生。

接著繼續說到「解離酶」的作用，在上圖黑箭頭所指的位置分解出稱為「順 , 順 - 3,6 - 壬二烯醛」（cis,cis-3,6-Nonadienal，$C_9H_{14}O$）的分子，這種分解也類似於油脂的變質。

最後，順 , 順 - 3,6 - 壬二烯醛和不同的酶作用，轉變成「紫羅蘭葉醛」（trans,cis-2,6-Nonadienal，$C_9H_{14}O$）與「黃瓜醇」

（Cucumber alcohol，$C_9H_{16}O$）分子。

順, 順 - 3,6 - 壬二烯醛
$C_9H_{14}O$

酶

紫羅蘭葉醛
$C_9H_{14}O$

酶

黃瓜醇
$C_9H_{16}O$

　　這兩種分子就是小黃瓜香味的真正來源，它們以氣體的型態飄浮在空氣中，然後透過我們鼻腔裡的細胞來傳遞氣味。

　　紫羅蘭葉醛和順, 順 - 3,6 - 壬二烯醛，兩者雖然化學式都是 $C_9H_{14}O$，但差別在碳與碳之間兩條線連接的位置不同；另外，黃瓜醇是 $C_9H_{16}O$，多了兩個氫。兩者與反應前的分子結構之間都只有些許的不同，但這種細微的差異會對氣味產生影響。

　　而順, 順 - 3,6 - 壬二烯醛在變為這些分子前，似乎帶有哈密瓜的香味！另外，紫羅蘭葉醛分子中以兩條線連接碳與碳的地方有兩處，若其中一處結構稍做改變，則會變成具老人味的分子「反 - 2 - 壬烯醛」（trans-2-Nonenal，$C_9H_{16}O$）。兩者結構的差異明明只有一線之隔，真是令人搞不懂啊……！（見下頁圖）

這裡結構稍做改變的話就變成老人味

紫羅蘭葉醛
$C_9H_{14}O$

反 - 2 - 壬烯醛（老人味）
$C_9H_{16}O$

接下來討論番茄的香味。與小黃瓜相同，α- 亞麻酸也是被脂氧合酶和解離酶分解，但 O_2 附著的位置與先前介紹的不同。雖然同樣是附著在彎折處，但附著的位置稍微向右偏了一點，所以分解時產生的分子，比起小黃瓜還要短一些。

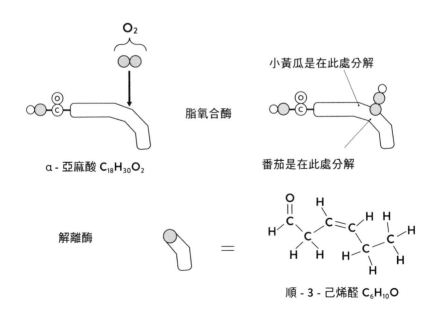

O_2

脂氧合酶

小黃瓜是在此處分解

α- 亞麻酸 $C_{18}H_{30}O_2$

番茄是在此處分解

解離酶

順 - 3 - 己烯醛 $C_6H_{10}O$

分解的產物，是一種稱為順 - 3 - 己烯醛（cis-3-Hexenal，$C_6H_{10}O$）的分子。最後這個分子會和另一種酶作用，轉變成「青葉醛」（trans-2-Hexenal，$C_6H_{10}O$）與「青葉醇」（cis-3-Hexen-1-ol，$C_6H_{12}O$）。這些分子就是切開番茄時所產生獨特氣味的成分，它的結構雖然只比小黃瓜的短一點，但我們仍可分辨出是番茄的香味。

順 - 3 - 己烯醛 $C_6H_{10}O$

酶　　酶

青葉醛 $C_6H_{10}O$

青葉醇 $C_6H_{12}O$

事實上，由青葉醛與青葉醇這兩個名稱，可以猜想得到這些分子也是植物葉子所散發出的青草味成分，搓揉葉子時可以明顯聞到這種香味。這些分子與其他幾種類似的分子，在此稱它們為「綠色氣味」。其實，轉變成青葉醛與青葉醇之前的順 - 3 - 己烯醛也是其中一種，其他綠色氣味的成分如下頁圖所示。這就像在

相似圖形中尋找不同的地方，仔細觀察就會發現它們略有差異。

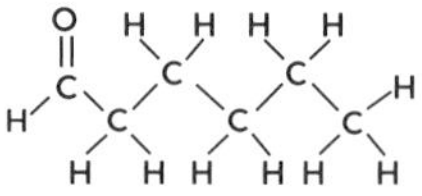

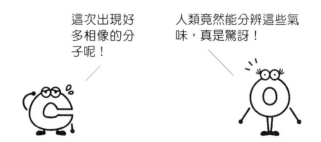

C₆H₁₂O

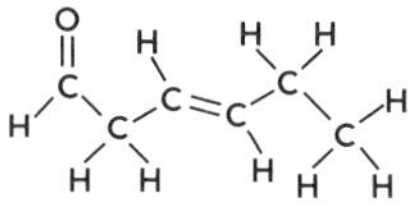

C₆H₁₀O

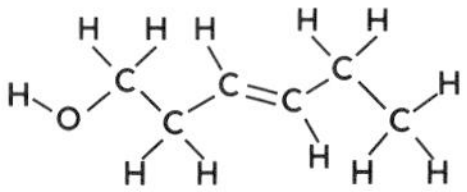

C₆H₁₂O

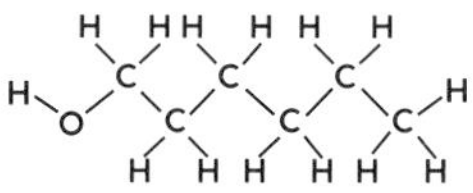

C₆H₁₄O

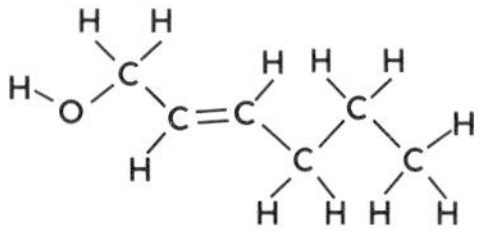

C₆H₁₂O

　　小黃瓜和番茄，各有兩種主要的分子來呈現它們的香味，而植物葉子的氣味則是由許多種分子所組成的。

這次出現好多相像的分子呢！

人類竟然能分辨這些氣味，真是驚訝！

14 大蒜與洋蔥的氣味

接下來，我們繼續聊聊蔬菜的氣味，這裡要談論的是大蒜和洋蔥。首先來看大蒜，它真正的氣味來源，是其內部含有的「蒜胺酸」（$C_6H_{11}NO_3S$）分解所產生的分子。

蒜胺酸
$C_6H_{11}NO_3S$

有點複雜……

因為出現了硫原子！

蒜胺酸含有標示為 S 的原子，是「硫」的元素符號。因為含有硫，即使是很小的分子，氣味也會非常濃烈。例如常見的硫化氫 H_2S 分子，就有著強烈的氣味及毒性。眾所周知，溫泉常帶有硫磺的味道，這種氣味正是 H_2S 所散發出來的。

此外，硫 S 也與家裡使用的天然氣的氣味有關。天然氣的成分，包含由碳和氫組成的甲烷 CH_4 和乙烷 C_2H_6 等無味的小分子，因為聞不出來，洩漏時會難以察覺，非常危險，所以天然氣中會另外混入帶有強烈氣味的分子做為提醒之用。最常使

來看看廚房裡的化學式！

用的分子就是「叔丁硫醇」（*tert*-Butyl Mercaptan），化學式為 $C_4H_{10}S$，它就是天然氣中強烈氣味的真正來源，所以瓦斯漏氣時，能藉此及早察覺。

我們繼續談大蒜。切碎大蒜時，它的細胞裂開，大蒜內含有的「蒜胺酸」（$C_6H_{11}NO_3S$）會和「蒜胺酸酶」相遇並發生化學反應，此時蒜胺酸會被分解成大小約為原來一半的「次磺酸物質」（Allylsulfenic acid，C_3H_6OS）。

蒜胺酸酶

蒜胺酸
$C_6H_{11}NO_3S$

C_3H_6OS

接下來，兩個 C_3H_6OS 會結合在一起，形成「大蒜素」（$C_6H_{10}OS_2$）。這個反應另外會產生一個 H_2O。

$$2C_3H_6OS \rightarrow C_6H_{10}OS_2 + H_2O$$
大蒜素

隨後，大蒜素失去氧 O，產生「二烯丙基二硫化物」（Diallyl disulfide，$C_6H_{10}S_2$）。這兩種含硫 S 的分子，為大蒜帶來獨特的氣味。

兩分子
2C$_3$H$_6$OS

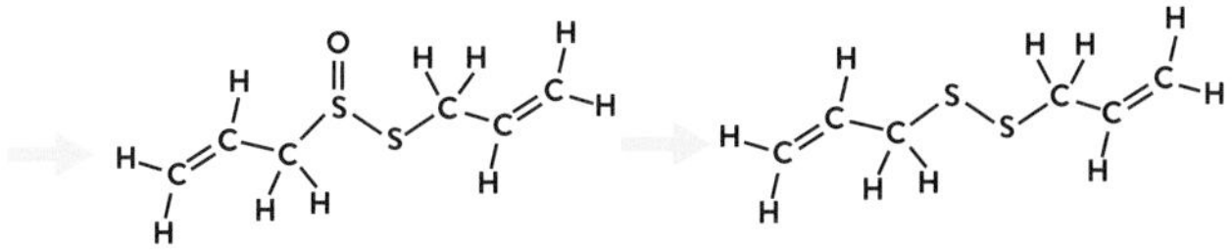

大蒜素
C$_6$H$_{10}$OS$_2$

二烯丙基二硫化物
C$_6$H$_{10}$S$_2$

大蒜獨特的氣味

　　洋蔥則是分解出「胺基酸亞碸」類的分子而產生氣味，稱為
Propiin（C$_6$H$_{13}$NO$_3$S），它也含有硫 S。雖然這個分子的名稱與
大蒜所含的蒜胺酸完全不同，但仔細比對兩者的結構，就會發現
它們有很相似的地方。

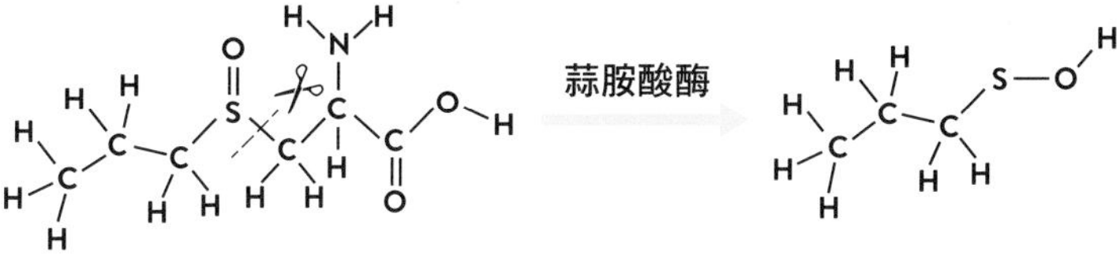

Propiin
C$_6$H$_{13}$NO$_3$S

蒜胺酸酶

Cibulins
C$_3$H$_8$OS

跟大蒜類似的反應模式喔！

所以切碎洋蔥時，Propiin 會和「蒜胺酸酶」發生反應，分解產生一個「次磺酸」類物質 Cibulins（C_3H_8OS）。兩個 Cibulins 會結合在一起，形成「二硫化二丙基」（Dipropyl disulfide，$C_6H_{14}S_2$）分子，它就是洋蔥氣味的來源。

兩分子
$2C_3H_8OS$

二硫化二丙基
$C_6H_{14}S_2$
（洋蔥的氣味）

大蒜和洋蔥在生物的分類上都是屬於蔥屬，兩者看起來的確有些相似，但氣味及味道卻完全不相同；不過從前面兩者的介紹一路看下來，感覺很像同一類吧？

此外，切碎洋蔥時為什麼會流眼淚呢？我們用化學的角度來思考一下這個現象——當然是因為分子的關係。專業一點來說，這是因為洋蔥產生的「催淚成分」所引起的。

我有聽過「催淚彈」或「催淚噴霧」喔！

「催淚」就是讓眼淚流出來的意思。

　　洋蔥裡含有另一種「胺基酸亞碸」類分子，稱為 Isoalliin（$C_6H_{11}NO_3S$）的分子，它分解後的產物中就含有催淚成分；切碎洋蔥時，它也會被蒜胺酸酶分解，並產生另一種次磺酸物質（1-Propenylsulfenic acid，C_3H_6OS）。

Isoalliin
$C_6H_{11}NO_3S$

蒜胺酸酶

C_3H_6OS

催淚因子合成酶

丙硫醛 - S - 氧化物
C_3H_6OS
（催淚成分）

　　前面的反應過程與大蒜的相似，接著反應第一步的次磺酸物質還會被洋蔥中含有的「催淚因子合成酶」（Lachrymatory factor synthase，LFS）轉變為「丙硫醛 - S - 氧化物」（syn-Propanethial-S-oxide，C_3H_6OS）這個分子。雖然反應前後的化學式都是 C_3H_6OS，但結構有些微的不同，它是有些特殊的分子。丙硫醛 - S - 氧化物的結構中所標示的正與負，表示帶電，這個分子就是洋蔥催淚的成分。當我們切開洋蔥時，催淚成分的分子就會出來，使人流淚。

因此，可以發現大蒜和洋蔥是性質相似的植物；但洋蔥還有另一種獨特的反應，會產生出促使淚液分泌的成分。

15 芥末與蘿蔔的氣味和辣味

最後，來聊聊關於十字花科的蔬菜。像是芥末與蘿蔔等植物，就含有具備獨特氣味及辣味的化學物質。它們的氣味與辣味，都和「硫代葡萄糖苷」（又稱芥子油苷）這個成分有關。芥末中的硫代葡萄糖苷含有碳 C、氫 H、氧 O，以及氮 N 和硫 S，詳細結構如下圖所示，圖右側標示「G」的六角形部分，代表葡萄糖。

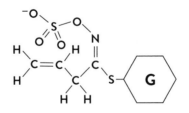

芥末中的硫代葡萄糖苷

葡萄糖和果糖、蔗糖等
分子，合稱為「醣類」。

料理芥末時，它的細胞會被破壞，並且跟另個部分存在的「芥子酶」（又稱黑芥子酶）和水 H_2O 產生反應，並分解硫代葡萄糖苷。此時葡萄糖被分解出來，分子左上方的硫 S 與其周圍的氧 O 也被拆開，產生一個較小的分子「異硫氰酸烯丙酯」（Allyl isothiocyanate，AITC，C_4H_5NS），這個分子帶有香味及辣味。

芥子酶

H_2O

芥末中的硫代葡萄糖苷

異硫氰酸烯丙酯
C_4H_5NS

另外，蘿蔔中的硫代葡萄糖苷與芥末中的結構有些不同，蘿蔔的帶有三個硫 S。在料理過程中會與芥子酶及水反應，產生另一種「異硫氰酸酯類」Raphasatin（$C_6H_9NS_2$），它就是蘿蔔香味及辣味的來源。

芥子酶

H_2O

蘿蔔中的硫代葡萄糖苷

Raphasatin
$C_6H_9NS_2$

芥末所產生的「異硫氰酸烯丙酯」和蘿蔔所產生的 Raphasatin 因為在結構上略有不同，所以產生了不同的風味。

關於蔬菜的氣味就討論到這裡。如同前面的説明，這些能夠產生氣味的分子並非一開始就存在於蔬菜中。「蒜胺酸」或「硫代葡萄糖苷」等，都是蔬菜中原有的成分，它們是在料理的過程中與酶發生反應，才轉變或分解成我們聞到的氣味分子。

以上就是蔬菜氣味的總結！

16 再多說一點！管裝芥末

這個單元是附贈的話題。讓我們更進一步來看看芥末，先前提到生芥末在被磨碎或料理時，組織會受到破壞，使硫代葡萄糖苷與芥子酶產生反應，而生成異硫氰酸烯丙酯。

這種分子會變成氣體，也就是我們所熟知芥末的獨特氣味。因為氣體會散逸在空氣中，所以異硫氰酸烯丙酯會從芥末中逐漸流失。為了好好享受芥末的風味，所以在磨碎後必須盡快食用。

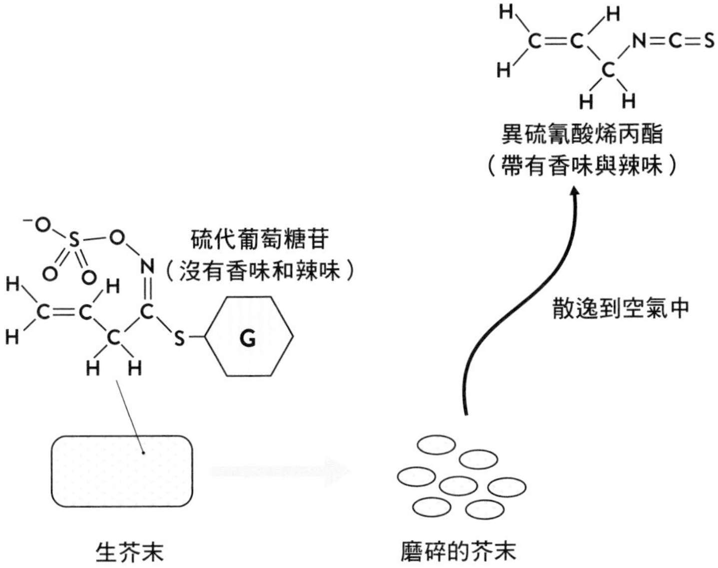

異硫氰酸烯丙酯
（帶有香味與辣味）

硫代葡萄糖苷
（沒有香味和辣味）

散逸到空氣中

生芥末

磨碎的芥末

　　實際上對一般家庭來說，很難一次把整根生芥末用完，且價格也很貴，所以大部分都會使用管裝芥末，也就是將芥末磨碎後裝進軟管裡的產品。如前面所說的，異硫氰酸烯丙酯會散逸到空氣中，因此為了可長時間保存，廠商在管裝芥末的設計多了一道工夫，那就是利用環糊精將異硫氰酸烯丙酯包覆起來。

　　前面也提過，環糊精具有捕捉分子並緩慢釋放出來的性質，藉由這種作用，就能防止異硫氰酸烯丙酯散逸到空氣中。原來環糊精在這些地方也很有用呢！

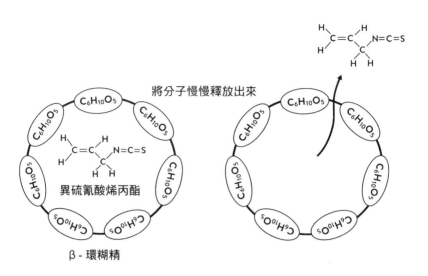

將分子慢慢釋放出來

異硫氰酸烯丙酯

β - 環糊精

根據不同的構想，環糊精
可以使用在各種地方呢！

Chapter **4**
來看看洗臉臺、浴室和廁所裡的化學式！

這章我們將介紹關於洗臉臺、浴室和廁所相關的化學式。

刷牙、洗頭、上廁所……日常生活裡要做的事情有很多，

讓我們從化學的角度來看看吧！

1 牙齒的主成分 $Ca_{10}(PO_4)_6(OH)_2$

在洗臉臺放牙刷的人應該很多，而每天刷牙就是為了預防蛀牙吧？那我們的牙齒是由什麼化學元素組成的呢？牙齒的主要成分可以用以下的化學式來表示。

$$Ca_{10}(PO_4)_6(OH)_2$$

這個化學式有點複雜，有很多括號！這種成分叫做「羥磷灰石」，你是否曾在口腔保健產品的廣告裡聽過呢？牙齒就是由無數 $Ca_{10}(PO_4)_6(OH)_2$ 整齊的排列而成的。

讓我們從化學式最左側的 Ca 開始來看。Ca 是鈣的元素符號，所以這個化學式中有十個鈣原子；接下來，旁邊的括號裡包含了一個磷原子 P 和四個氧原子 O；括號右下的數字 6，代表 PO_4 有六個；最後的括號裡包含一個氧 O 和一個氫 H，OH 有兩個。這就是羥磷灰石。

　　我們吃進食物時，口腔中的「蛀牙菌」會利用這些食物產生「酸」，由於這些酸的作用，羥磷灰石會被分解成碎片並溶解在口腔中。此外，有些食物本身也含有「酸」，例如醋、酒、檸檬和調味品等等。不過可以安心的是，一段時間後，唾液中的成分就會修復溶解掉的羥磷灰石。

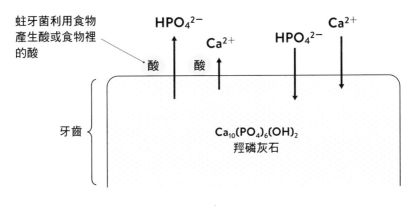

　　羥磷灰石被酸分解的過程，就是 $Ca_{10}(PO_4)_6(OH)_2$ 變成 Ca^{2+} 和 HPO_4^{2-} 這兩種離子。Ca^{2+} 是帶有正電的鈣離子。目前為止出現的離子都是＋，而這次是 2＋，也就是帶有兩倍正電的意思；HPO_4^{2-} 稱為磷酸氫根離子，跟 Ca^{2+} 相反，它帶有兩倍負電。它們以離子的型態存在於口腔中，而唾液中則含有同樣的離子，可以用來修復牙齒。

離子是帶有正電或負電的物質喔！

對啊，在介紹鹽時有學過，離子很容易溶於水。

唾液的成分大多都是水，所以有很多離子溶解在其中喔！

　　羥磷灰石溶解的過程稱為「去礦質」，修復的過程則稱為「再礦化」。每次進食時口腔內都會產生去礦質和再礦化的反應，用化學反應式表示如下：

$$Ca_{10}(PO_4)_6(OH)_2 + 8H^+ \underset{\text{再礦化}}{\overset{\text{去礦質}}{\rightleftharpoons}} 10Ca^{2+} + 6HPO_4^{2-} + 2H_2O$$

　　似乎變得困難多了，那就逐步來解釋這個化學反應式吧。式子左側是 $Ca_{10}(PO_4)_6(OH)_2$ 和 H^+ 這個離子發生反應。H^+ 是在氫的元素符號右上方加一個＋，氫原子加上＋後就稱為「氫離子」。這個氫離子 H^+ 就是引發去礦質作用的「酸」。

　　首先……什麼是酸呢？提到酸，你可能會想起在學校課堂認識的鹽酸、硫酸、硝酸等強酸。鹽酸是一種稱為「氯化氫」的分子溶於水而形成的水溶液，氯化氫的化學式為 HCl，它由氫原子

H 和氯原子 Cl 組成，而氯化氫分子會將氫以氫離子的形式釋放出來。順帶一提，硫酸化學式為 H_2SO_4，硝酸化學式為 HNO_3，它們也會釋放出 H^+。以上這些都是強酸，非常危險。

另一個例子是「酸雨」，大家都知道它會造成嚴重的環境問題。工廠和汽車排放出的二氧化硫 SO_2、一氧化氮 NO 和二氧化氮 NO_2，會在大氣中轉變成硫酸和硝酸。酸雨就是溶有硫酸和硝酸的雨，過強的酸會破壞身體的分子，使我們受到傷害。酸不只會影響生物，還會使銅像生鏽、混凝土發生變質等。

我們再多學一些關於酸的事情吧。前面談到蛀牙菌會利用食物來製造酸，而我們最熟知的一種酸，就是前面提到調味料中的醋了。當然，醋和鹽酸、硫酸相比酸性很弱，所以少量食用並不會有問題。

醋中含有的酸，化學式為 CH_3COOH，稱為「醋酸」——名稱中確實有酸字。另外，餐桌上使用的醋大約含有 5% 左右的醋酸。醋酸也是乙醇（酒精）經過分解轉變而成的分子，酒精在人體內轉變成醋，真是不可思議！

醋酸化學式 CH_3COOH 中最右邊的 H，會以 H^+ 的形式釋放出來。前面提過醋酸和鹽酸、硫酸相比是屬於弱酸，這是因為它所釋放出的 H^+ 量比較少。

順帶一提，醋酸的酸度和 H^+ 也有關係喔！H^+ 會透過 III 型細胞來傳遞酸味訊息。

接著談談去礦質和再礦化，讓我們再回顧一次它們的化學反應式。

$$Ca_{10}(PO_4)_6(OH)_2 + 8H^+ \underset{\text{再礦化}}{\overset{\text{去礦質}}{\rightleftharpoons}} 10Ca^{2+} + 6HPO_4^{2-} + 2H_2O$$

式中往右的箭頭上方標示「去礦質」，往左的箭頭下方標示「再礦化」。這是指當反應向右時，羥磷灰石 $Ca_{10}(PO_4)_6(OH)_2$ 和氫離子 H^+ 會轉變成 Ca^{2+}、HPO_4^{2-} 和 H_2O；向左的箭頭則是指當反應向左時，右側的 Ca^{2+}、HPO_4^{2-} 和 H_2O 會轉變成左側的羥磷灰石和氫離子。

當口腔中含有很多氫離子時，羥磷灰石會大量分解成鈣離子、磷酸氫根離子及水，反應是由左到右，也就是說，牙齒慢慢被溶解掉了……反過來說，當口腔中有很多鈣離子、磷酸氫根離子及水時，比較容易發生由右到左的反應。就像前面說的，唾液中的成分大多都是水，其中也含有鈣離子和磷酸氫根離子。如果能正常分泌唾液，就可以自動修復羥磷灰石。

總結來說，食物中的酸 H^+ 比較多時，主要為發生去礦質作用；而後由於唾液的關係，再礦化會成為主要的作用。我們用一日三餐的概念畫成下頁圖來看，橫軸代表時間，縱軸則代表主要是發生去礦質還是再礦化作用。

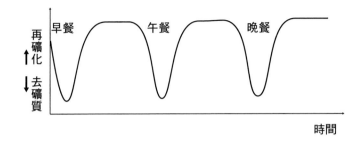

現在，我們再更深入的了解一下去礦質和再礦化的化學反應式。對了，這部分有點難懂，所以也可以跳過沒有關係。

$$Ca_{10}(PO_4)_6(OH)_2 + 8H^+ \underset{再礦化}{\overset{去礦質}{\rightleftharpoons}} 10Ca^{2+} + 6HPO_4^{2-} + 2H_2O$$

比較式子的左側和右側，可以發現兩側每種原子的數量都相等。無論它們是否為離子（化學式右上方標示 2＋和 2－的物質），算一下每種原子的數量可得：共有十個 Ca、六個 P、十個 H 和二十六個 O；式子左右兩側的原子數量是相符的。接下來再算一下式子兩側正和負的數量是否也平衡：左側的＋有八個；右側的 2＋有十個，2－有六個，所以總共有二十個＋和十二個－，正負消去後合計為八個＋。所以式子左右兩側都是八個＋，是平衡的狀態。就像這樣，化學反應的前後，正電和負電的總和並不會改變。

2 蛀牙了

說到這裡，你已經從化學的角度看見牙齒的樣子了。接下來，來談談我們的敵人——蛀牙。導致蛀牙的主要原因有兩個。前面提過的蛀牙菌是其中一個因素，而蛀牙菌具體的名稱為「轉糖鏈球菌」，據說這種細菌常在孩童約三歲以前經由大人傳染，原因包括使用父母用過的筷子和湯匙，或輪流喝飲料等；另一個因素就是食物中所含的糖分，主要成分為「蔗糖」。這兩個因素結合在一起時，就會發生以下情況：首先，轉糖鏈球菌利用蔗糖製造一種稱為「葡聚糖」的分子。葡聚糖的化學式為 $(C_6H_{10}O_5)_n$，後面會再詳細說明。葡聚糖附著在牙齒表面，會成為轉糖鏈球菌的棲息地。此外，口腔中的其他細菌（根據統計，口腔中的細菌有 600 多種）也會混入其中。

什麼是「菌」呢？

它們正式名稱為「細菌」，是大小約 1000~5000 nm 的微小生物，有很多種類。

它們是引發疾病的原因吧？但我聽說腸道菌是身體健康的關鍵。

在本章的後半部會說明喔！

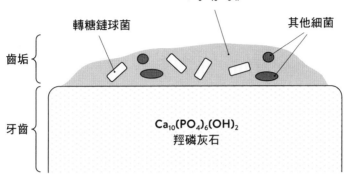

葡聚糖
$(C_6H_{10}O_5)_n$

轉糖鏈球菌

其他細菌

齒垢

牙齒

$Ca_{10}(PO_4)_6(OH)_2$
羥磷灰石

　　這些附著在牙齒上的組合物稱為「牙菌斑」，有時也被稱為「齒垢」或「生物膜」（biofilm，又稱菌膜）。你可能在牙膏等的廣告中有聽過這些名詞。

　　之後，獲得棲息地的轉糖鏈球菌會產生大量的「酸」，引發去礦質作用，最終導致蛀牙。這個過程如下列所示。

轉糖鏈球菌進入口腔中（約在三歲以前）
↓
蔗糖進入口腔中
↓
口腔中的轉糖鏈球菌利用蔗糖製造葡聚糖
↓
轉糖鏈球菌、葡聚糖和其他細菌結合，形成牙菌斑
↓
牙菌斑內的轉糖鏈球菌產生大量的酸，引發去礦質作用
↓
牙齒溶解，形成蛀牙

現在，我們來詳細介紹「葡聚糖」。

葡聚糖是一種巨大而帶有黏性的分子，如前所述，是由轉糖鏈球菌產生並附著在牙齒表面。轉糖鏈球菌中有一種「葡萄糖基轉移酶」（Glucosyltransferase，GTF），可以從食物中的蔗糖產生出葡聚糖。現在，我們來仔細看一下葡聚糖的結構，它的化學式為 $(C_6H_{10}O_5)_n$，你在某個地方看過吧——它與米成分中的澱粉（直鏈澱粉和支鏈澱粉）具有相同的化學式；雖然化學式相同，但分子的連接方式不同。葡聚糖有兩種形式，一種是葡萄糖①和③位置的羥基相連，另一種則是①和②位置的羥基相連。

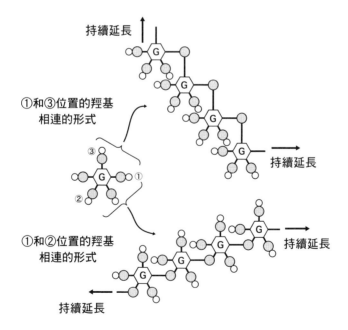

葡聚糖分子實際結構如下圖所示，兩種連接方式都包含在其中，而它的性質則會依兩者的比例而變化；這種概念在米的內容中有學過。

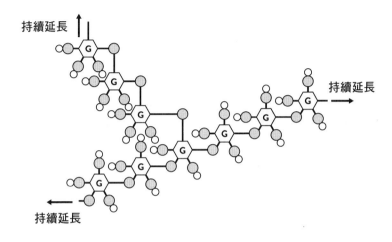

而米的澱粉是哪一種連接方式呢？直鏈澱粉中，是葡萄糖①和④位置的羥基相連；而支鏈澱粉中，則是①和③位置的羥基相連，所以產生了分支。

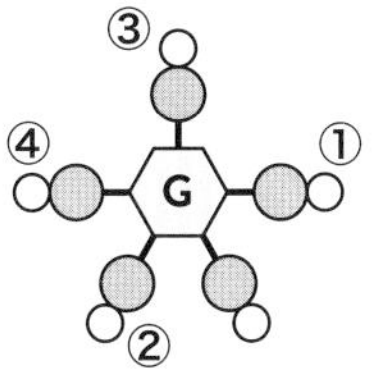

就像這樣，葡聚糖和澱粉的化學式雖然都是 $(C_6H_{10}O_5)_n$，但因為分子連接的方式不同，所以性質也不同。

現在我們已經知道葡聚糖的結構了，那轉糖鏈球菌又是如何從蔗糖中製造葡聚糖的呢？讓我們仔細看看這個部分。蔗糖是由葡萄糖和果糖所組成的，製造葡聚糖時，是使用其中的葡萄糖，而不使用果糖。

製造葡聚糖⋯⋯

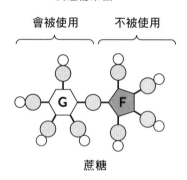

蔗糖

轉糖鏈球菌中的 GTF（葡萄糖基轉移酶）會與蔗糖發生反應，只有蔗糖中的葡萄糖被用來連接，所以蔗糖被用掉一部分後剩下來的果糖就成為了副產物。由蔗糖產生葡聚糖的過程簡單表示如下頁圖，圖中省略用圓圈圖案表示的氧和氫，葡萄糖和果糖簡化為六角形和五角形。首先，蔗糖被 GTF 分解為葡萄糖和果糖，然後 GTF 再次發揮作用，連接葡萄糖。如前所述，葡萄糖的連接方式有兩種。

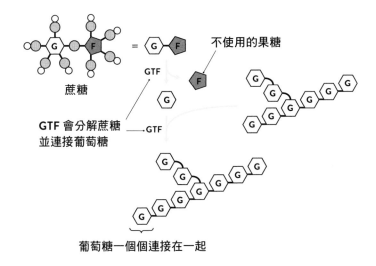

不使用的果糖

蔗糖

GTF

GTF 會分解蔗糖
並連接葡萄糖

葡萄糖一個個連接在一起

　　接下來，我們用化學反應式來表示葡聚糖的形成過程。n 個蔗糖被 GTF 連接起來，產生由 n 個葡萄糖連接而成的葡聚糖和 n 個果糖。標示「n」看起來感覺很困難，但若使用實際的數字就比較容易理解了。例如有 100 個蔗糖參與反應時，就會有 100 個葡萄糖被連接起來，並產生 100 個果糖（即 $n = 100$）。

$$nC_{12}H_{22}O_{11} \xrightarrow{\text{GTF}} (C_6H_{10}O_5)_n + nC_6H_{12}O_6$$

蔗糖　　　　　　葡聚糖　　　　果糖

　　如此產生出具黏性的葡聚糖，會黏附在牙齒上，而轉糖鏈球菌就會在這個地方定居下來。有細菌依附的葡聚糖就稱為牙菌斑，每 1 毫克的牙菌斑中據說有超過 1 億個細菌（很恐怖）！

就像前面說的，牙菌斑中的轉糖鏈球菌及其他細菌會產生酸性分子，也就是會釋放出 H^+。這些酸性分子中最常見的是「乳酸」，化學式為 $C_3H_6O_3$。為什麼會產生乳酸呢？轉糖鏈球菌會利用果糖，和食物中含有的葡萄糖做為能量來源。事實上，將果糖和葡萄糖養分轉變為自己的能量時，形成的分解產物，就是一種酸性分子。

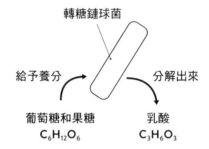

轉糖鏈球菌

給予養分　→　　　　　　分解出來

葡萄糖和果糖　　　　　　　乳酸
$C_6H_{12}O_6$　　　　　　　$C_3H_6O_3$

現在，我們來仔細看看乳酸的結構。如下圖所示，在正中央的碳 C 上，連接著 H、COOH、OH 和 CH₃。

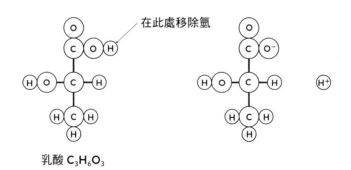

在此處移除氫

乳酸 $C_3H_6O_3$

其中，COOH 的 H 移除後形成 H^+，原與 H 相連的氧原子

O 就會帶負電（O 很容易帶負電）。COOH 的 H 很容易移除，像前面提到的醋酸 CH_3COOH 也可以從 COOH 中移除 H 而形成 H^+（醋酸是醋的主要成分）。

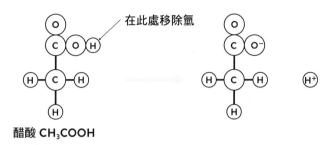

醋酸 CH_3COOH

氫離子 H^+ 是引發去礦質作用的要素之一。目前為止介紹的反應過程如下圖所示。

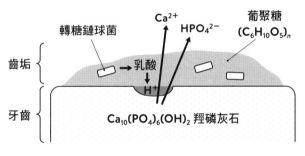

P. 83 的其他細菌（●●）在此省略掉了。

不過大家都知道，其他細菌也會分解出酸。

轉糖鏈球菌生活在溫暖的葡聚糖裡，並分解出乳酸；事實上它們也會分解出醋酸，及一種稱為甲酸（HCOOH）的酸，但乳酸所佔的比例較高。這些酸會引發強烈的去礦質作用，溶解牙齒並造成蛀牙。在這種情況發生前，必須好好刷牙，以澈底清除黏附在牙齒上的牙菌斑（葡聚糖＋細菌）！即使是漱口，具黏性的牙菌斑也不易脫落，最有效的方法還是好好刷牙。而牙膏中含有研磨劑（可幫助去除汙垢的顆粒），能有效去除黏黏的牙菌斑。

3　再多說一點！不易蛀牙的甜食

　　上個單元我們說明了糖是如何引起蛀牙的。事實上也有一些分子的味道就和糖一樣甜，但卻不太容易引起蛀牙，其中最有名的分子之一就是「木糖醇」，你可能有聽過加了木糖醇的口香糖吧！這個分子的化學式為 $C_5H_{12}O_5$，詳細的結構如下圖。

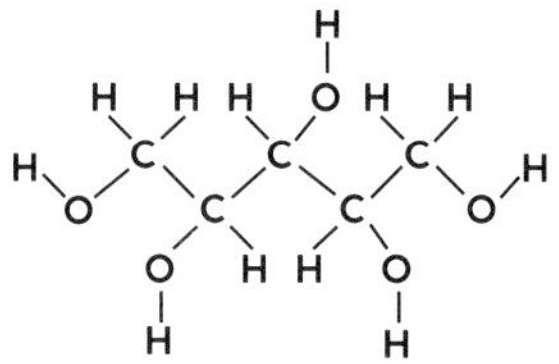

木糖醇 $C_5H_{12}O_5$

　　為什麼木糖醇味道甜甜的，卻不容易引起蛀牙呢？在回答這

個問題前,我們先回想一下為什麼蔗糖(糖)會導致蛀牙。蔗糖是轉糖鏈球菌用來製造葡聚糖的材料,而反應過程中產生的果糖,會被轉糖鏈球菌做為養分來源,並分解出乳酸分子。那木糖醇呢?首先木糖醇不像蔗糖是製造葡聚糖的材料,另外轉糖鏈球菌不會把木糖醇當成養分來源,所以也不會分解出乳酸。因此它們的味道雖然很甜,但卻不容易引起蛀牙。

這裡出現了一個問題。木糖醇和蔗糖的結構看來截然不同,但為什麼味道也是甜甜的呢?若像下圖一樣,稍微改變一下木糖醇的畫法,就會發現它的結構與構成蔗糖的葡萄糖和果糖很像,具有許多羥基這點也非常相似。

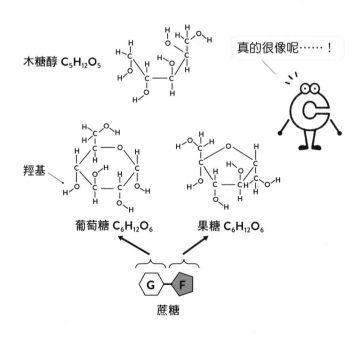

木糖醇 $C_5H_{12}O_5$

真的很像呢……!

羥基

葡萄糖 $C_6H_{12}O_6$ 果糖 $C_6H_{12}O_6$

G   F

蔗糖

這是因為木糖醇是由一種稱為木糖的「類葡萄糖分子」，經過人工的化學反應而製成的分子。

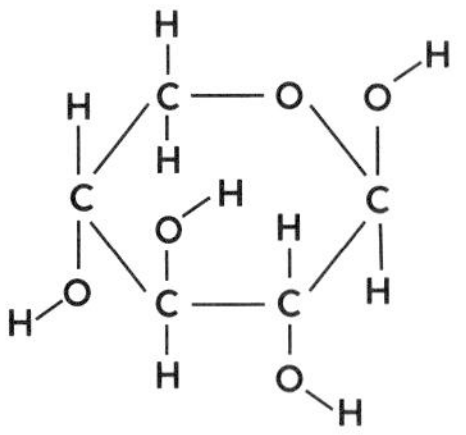

木糖醇 $C_5H_{12}O_5$

木糖 $C_5H_{10}O_5$
（木糖醇的原料）

順帶一提，木糖是藉由分解玉米中一種稱為木聚糖的分子（由許多木糖分子連接組成）得到的，所以木糖醇是由玉米衍生出來的分子！前面提過木糖醇的結構和蔗糖類似，但它並非唯一與蔗糖結構相似的甜味分子，還有另一個有名的分子「阿斯巴甜」（Aspartame，APM，$C_{14}H_{18}N_2O_5$）。

氮有兩個

阿斯巴甜 $C_{14}H_{18}N_2O_5$

六角形的環

阿斯巴甜的甜度是蔗糖的 200 倍，但有報告指出它並不會引發蛀牙。很明顯的，它和蔗糖的結構不太像——它含有兩個氮，和一個六角形的環，這就是著名的「苯環」。

你可能有在成藥和生髮產品等的包裝上看過

這種成分，通常會畫成簡圖，如右圖。

令人驚訝的是，阿斯巴甜的結構雖然與蔗糖完全不同，卻非常的甜。此外，由於阿斯巴甜無法提供我們身體所需的養分，所以它可以做為減脂時使用的代糖。

4　肥皂——關於水和油

接下來，說說清潔劑，我們會用洗衣粉等來洗衣服，還會用洗手乳洗手，或是在浴室用洗髮精清洗頭皮和頭髮等等；再轉到廚房，會使用洗碗精來洗碗和清潔劑來清洗食物，也是屬於清洗的工作。可見「清洗」的方式有很多種。

那麼清潔劑和洗髮精的化學式是什麼呢？這些產品的成分不斷改良，而且已研發出各式各樣的分子。雖然分子的種類很多，但起泡和清潔的機制基本上是相似的。所有用於起泡和清潔的分子，都可以追溯到肥皂上（這樣講可能有點隨便……）。首先來談談起泡和清潔的根源——肥皂分子。

很久以前，人們只用工具和水來洗衣服，藉由用力擦洗來清除汙垢，這樣可以洗掉那些稍微摩擦就能去除的汙垢，能溶於水的汙垢也可溶於水中再被沖走。所以，當時洗滌的方法有兩種：一種是用力擦洗去除汙垢，另一種是將汙垢溶解在水中。但問題出在油汙，因為油汙不溶於水，很難靠擦洗去除。即便如此，人類過去也只能用水來洗滌。

　　在這種情況之下，某一天，人類發現了肥皂。要說是何時發現的話，相傳是在很久以前的古羅馬時代，人們燒烤羊肉來祭祀神廟時，偶然發現的。那時的人發現，使用羊肉上脫落下來的物質，很容易可以去除汙垢。這種可以清除汙垢的物質，其實是羊身上所含的「油脂」衍生出來的，也就是肥皂成分的來源。

　　現在，我們來看看如何利用油脂製造出肥皂，以及肥皂又具有什麼樣的化學結構。在廚房的部分我們學過了油脂的結構，當油脂與一種稱為氫氧化鈉 NaOH 的化學物質發生反應時，如下圖中指示的位置，會分解出來。

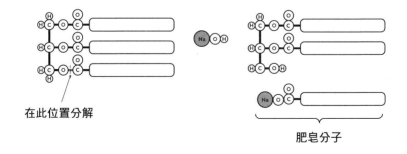

在此位置分解

肥皂分子

透過這種方式產生的分子就是肥皂。這個反應與油脂和脂肪酶之間的反應是相似的，與脂肪酶不同的是，肥皂分子末端接的是來自 NaOH 的 Na。順帶一提，右側細長的長方形包含由碳 C 和氫 H 所組成的各種結構。如下圖所示，一個油脂分子最多可以製造出三個肥皂分子。

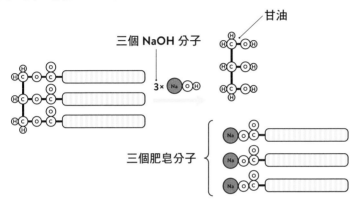

古羅馬時代發現肥皂時，是羊肉中含的油脂與燒烤過後產生的木灰（木灰和 NaOH 一樣含有分解油脂的成分）發生反應，無意間形成肥皂的。另外，與肥皂同時產生並稱為甘油的分子，在醫藥、化妝品和食品等領域都有很大的用途，產物不會浪費掉真的很好呢！不僅限於化學領域，從成本面和環境面的角度來看，盡量減少多餘的廢棄物是很重要的。

那肥皂分子是如何去除汙垢的呢？前面提過，能用水洗掉的汙垢不難去除，但油汙是無法用水清洗掉的。這裡我們先從化學的角度來思考一下什麼是水和油。

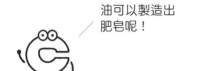

　　水、油互不相溶是眾所周知的。有個熟悉的例子，你把一罐油醋醬放置在桌上一段時間後，上下兩部分的液體會分離，所以要先搖一搖才能使用，而這兩種分離的液體就是水和油，基本上在上層的液體是油，在下層的液體則是水。現在讓我們從分子的層級，來思考水和油的問題。

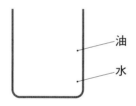

油
水

　　首先來看看水。圖中可見，水分子 H_2O 帶有少量的電荷。

$\delta+$ $\delta-$ $\delta+$

水 H_2O

　　水可以溶解帶正電或負電的離子，以及帶有少量電荷的分子。回想一下鹽和糖溶於水中的情況——鹽是由離子組成的，糖則有許多帶有少量電荷的羥基，以 $\delta+$ 和 $\delta-$ 符號來表示。

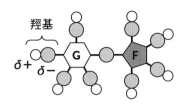

羥基

$\delta+$ $\delta-$

　　然後我們來看看油。先思考一下前面出現過的油脂結構，油脂右側細長的長方形佔了很大一部分，下圖右側表示長方形的具體構造，是由碳 C 和氫 H 連接組合而成的結構。

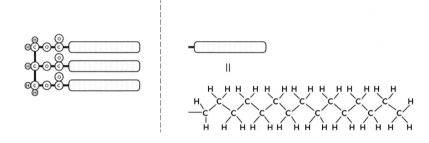

　　總結來説，因為這個部分幾乎不帶電，所以油脂無法溶於水中。從水和羥基的結構可以看出，氫 H 容易帶正電，因此容易跟帶負電的原子組合。讓大家再複習一下。

　　容易帶正電的原子：氫 H、鈉 Na；

　　容易帶負電的原子：氧 O、氯 Cl、氮 N、氟 F；

　　不容易帶電的原子：碳 C。

　　不容易帶電的碳 C 和氫 H 組合時，氫 H 就幾乎不帶電。而 C 和 H 這對幾乎不帶電的組合，構成油脂很大一部分的結構，

所以即使與水混合，也不會被 H_2O 的 δ＋和 δ－強烈的吸引。這就是為什麼油脂不能混合（溶解）在水裡的原因。

　　油脂並非唯一不溶於水的分子，例如自然界中的「石油」，即包含了各種不溶於水的分子；因為石油的名稱裡有油，所以應該很容易猜想到。石油中含有各式各樣的分子，這些分子被分離並轉化為各種產品，例如汽油、輪胎、塑料產品等等。如下圖所示，由碳和氫組成的分子有很多種，有的是直線形，有的是環狀形。由於它們是由碳和氫所組成的，所以這類分子在化學上統稱為「碳氫化合物」。

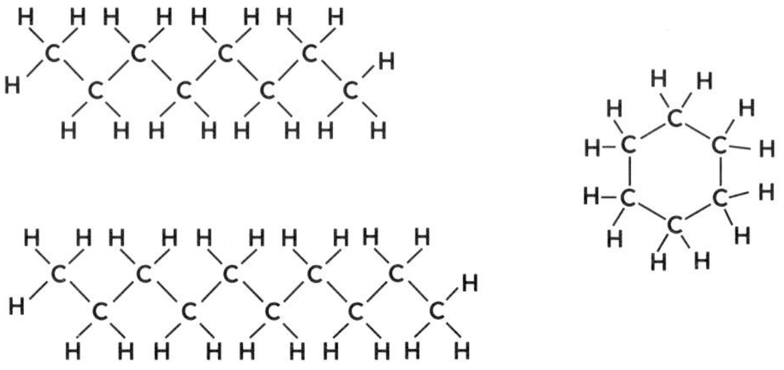

碳氫化合物

5 肥皂──關於清潔

現在讓我們回到清潔的話題吧。只用水的話,因為無法與油滴混合,所以就不能去除衣服、頭皮、餐具等上面附著的油汙了,示意圖如下面所示。

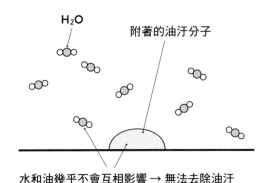

H₂O

附著的油汙分子

水和油幾乎不會互相影響 → 無法去除油汙

另一方面,如果汙垢像鹽或糖一樣,是可溶於水的分子,則水分子和汙垢會因電性相異而相互吸引,汙垢就比較容易清洗掉,這和溶解鹽或糖的道理相同。

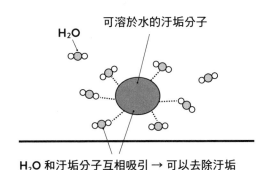

可溶於水的汙垢分子

H₂O

H_2O 和汙垢分子互相吸引 → 可以去除汙垢

所以，將油汙溶解在油中再清洗掉，是有它的道理的。但與水不同的是，油很難乾燥，雖然也有些油比較容易乾燥，但油都具有高度易燃的特性，所以非常危險；而且大量的油也不易處理，因此很難利用這樣的清潔方式。這裡，該輪到肥皂出場了。

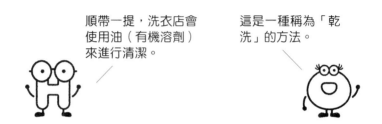

順帶一提，洗衣店會使用油（有機溶劑）來進行清潔。

這是一種稱為「乾洗」的方法。

現在，讓我們來仔細看看肥皂分子的結構。

左側構造是由很多碳和氫的原子組合而成，是屬於油性的部分，與水無法混合。至於另一端右側，結構中的鈉原子容易帶正電，氧原子容易帶負電，所以形成了離子；由於這裡類似於鹽（Na^+和Cl^-）的結構，所以同樣易溶於水。

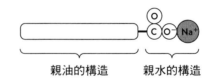

親油的構造　　　親水的構造

這就代表在肥皂分子中，同時具有油性的結構（會往油滴聚集），也具有易溶於水的結構（會吸引水），這是非常重要的一點。當肥皂分子溶於水中時，受水分子的作用影響，會分解成鈉

離子 Na$^+$以及剩下帶負電的部分。

溶於水中

　　為了更容易理解，我們將溶於水中的肥皂分子畫成簡單的形狀示意，就用這張圖來說明清潔的過程。

親油的構造　　親水的構造　　　　親油的構造　親水的構造

　　下頁圖①表示附著在髒衣服、頭皮和餐具等的油汙（這裡省略大量存在的水分子）。然後，像平常一樣，我們使用肥皂（清潔劑或洗髮精）來清洗，如圖②；當肥皂分子遇見水中的油汙時，就會用親油的構造接近油汙，如圖③。另外，肥皂分子中具有離子的一端（親水的構造）會遠離油汙，並移向周圍的水分子，如此一來肥皂分子就可以將油汙包圍住。親油的構造會朝向油汙，而親水的構造則會被水吸引。接下來，油汙分子會漂浮在水中，如圖④。再直接用水沖洗，就能去除油汙了。這就是使用肥皂清潔的原理。

水（有很多 H_2O）

①

附著的油汙分子

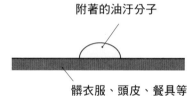

髒衣服、頭皮、餐具等

肥皂分子

②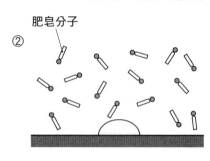

③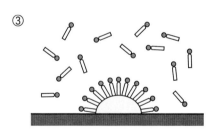

肥皂分子包圍
著油汙耶！

④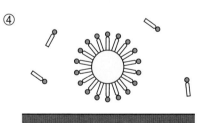

因為肥皂分子同時具
有親油和易溶於水的
構造，所以就能像這樣
在水中去除油汙了。

現今已經研發出各種不同結構的化學分子，具有跟肥皂分子相似的原理，應用在我們使用的清潔劑和洗髮精裡，並發揮很大的作用。

那麼，肥皂泡沫又是如何呢？正確答案是，當肥皂分子包裹的是空氣而不是汙垢時，就會產生如下圖的情況。離子的部分還是朝向水的方向，而肥皂分子包裹著空氣，形成一層不易打破的薄膜。

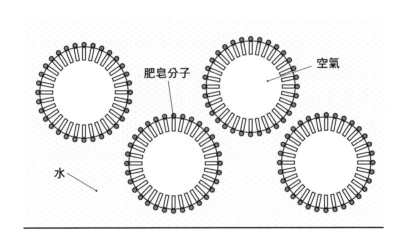

當這些泡沫飛到空中時，就變成了肥皂泡泡。從分子的層級上來看，肥皂泡泡的細節構造如下頁圖所示。被包裹的空氣團外，覆蓋著一層薄薄的水膜，肥皂分子就排列在這層水膜的外部和內部，此處離子的部分一樣是朝向水的方向，而肥皂分子的力量使得這層薄膜很難被打破。

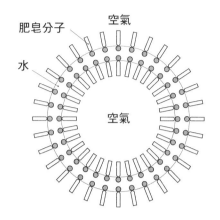

6 頭髮與蛋白質

我們可能會在浴室裡梳理和保養頭髮,那頭髮的結構是如何呢?我們從分子的層級來看看,首先放大頭髮的橫截面。

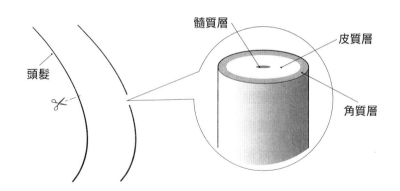

　　頭髮大致上可以分成三個部分：外層、內層和中心，由外往內分別為角質層、皮質層和髓質層。你或許聽過角質層這個詞，它與頭髮呈現的光澤和質地有關；而皮質層與頭髮的強度、彈性和髮色有關；髓質層則是頭髮的核心部分，包含許多小空腔，據說它有隔熱的效果，但目前我們對於髓質層的詳細功能，還不是很了解。

　　那麼，頭髮的主要成分是什麼呢？答案是「蛋白質」。我們很常聽到蛋白質這個名詞，而且它在人體中無所不在，身體到處都充滿了蛋白質。不只是頭髮，包括皮膚、指甲、肌肉和器官在內，也都是蛋白質；還有很多呢！像是血紅素（又稱血紅蛋白）也是蛋白質，它負責在血液中攜帶及運送氧氣。事實上，目前為止經常出現的角色「酶」也是一種蛋白質。此外，書中提到「味覺」時出現的 II 型細胞受體，及提到「環糊精」時出現的受體也是蛋白質。所以蛋白質對人類來說非常重要，我們體內的細胞會製造這些蛋白質。第三章有介紹過細胞，人體是由大約 37 兆個細胞所組成的。

　　細胞內製造出來的蛋白質，會直接在細胞裡或送到細胞外利用。它們也可以用於細胞表面，例如糖和氣味分子的受體。有這麼多種不同用途的蛋白質，它們具有什麼樣的結構呢？概略來說，蛋白質是由許多稱為「胺基酸」的分子連接而成的。那胺基酸又是什麼呢？讓我們從分子的層級來看看胺基酸的結構。

右圖中正中央的碳 C 分別和 H、NH$_3$$^+$、COO$^-$相連，最後一個連接的分子則用四邊形的示意圖表示，這部分有各種結構變化，具有這種構造形式的

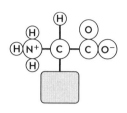

分子就是胺基酸。具體來說，這個四邊形會有哪些結構呢？例如下圖各種胺基酸分子。

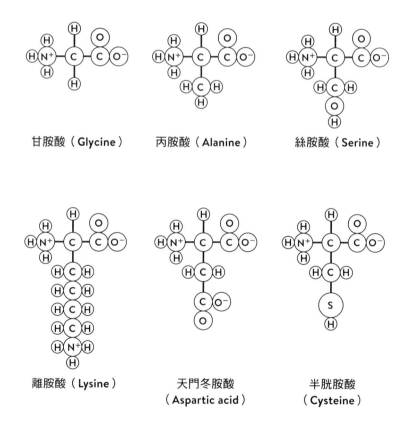

甘胺酸（Glycine）　　丙胺酸（Alanine）　　絲胺酸（Serine）

離胺酸（Lysine）　　天門冬胺酸　　半胱胺酸
　　　　　　　　　（Aspartic acid）　（Cysteine）

　　有連接氫的「甘胺酸」、有連接碳和氫所組成 CH_3 的「丙胺酸」、有具備羥基（OH）的「絲胺酸」，以及另外添加 $NH_3{}^+$ 的「離胺酸」和添加 COO^- 的「天門冬胺酸」，「半胱氨酸」則是具備含有硫的氫硫基（SH）。其他還有非常多種變化。順帶一提，我們人類所需的胺基酸有 22 種。市面上在宣傳販售含有胺基酸的產品時，會強調所含胺基酸的名稱，所以可能有些名稱聽起來很熟悉，而它們正是組成蛋白質的材料。

　　當許多胺基酸連接在一起時，就形成了蛋白質。蛋白質的結構如下圖所示，可以看到這些胺基酸是相互連接在一起的。

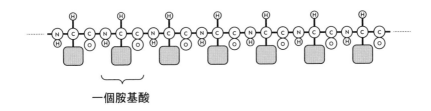

一個胺基酸

　　胺基酸以 $NH_3{}^+$ 和 COO^- 連接在一起，形成蛋白質。事實上，細胞製造蛋白質是比較複雜的過程。我們常聽到的 DNA 就存在於細胞內，它就像是蛋白質的設計圖。

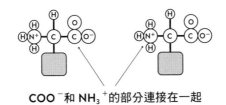

COO^- 和 $NH_3{}^+$ 的部分連接在一起

胺基酸連接的數量和種類有很多種變化，所以能產生各式各樣的蛋白質。最後，較長的胺基酸結構會被折疊，或與其他分子互相連接，然後應用在身體的各個部分。

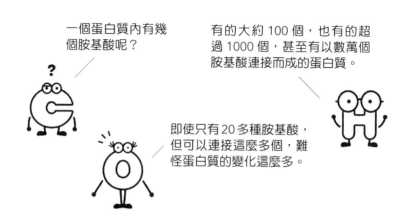

一個蛋白質內有幾個胺基酸呢？

有的大約 100 個，也有的超過 1000 個，甚至有以數萬個胺基酸連接而成的蛋白質。

即使只有 20 多種胺基酸，但可以連接這麼多個，難怪蛋白質的變化這麼多。

　　接著，我們來談談頭髮。頭髮是由許多蛋白質（主要是角蛋白）組成的，這些蛋白質會受化學作用影響，而與相鄰的蛋白質互相吸引。下圖顯示相鄰蛋白質的排列情形，為了容易理解，我們排列成直線來表示。

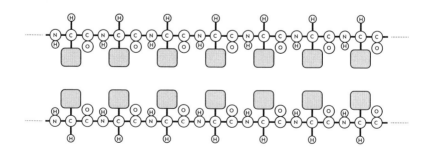

　　下圖則顯示出蛋白質在垂直方向上，相鄰排列的三種類型，每個小圖都顯示蛋白質藉由不同類型的力連接在一起。

　　圖①是離子鍵，圖②是氫鍵，圖③則是雙硫鍵。化學上，如果兩個分子藉由化學作用力相互吸引而形成另一個分子，就稱這兩個分子間形成「鍵結」。為了區分鍵結的作用力，就把連接方式命名為「○○鍵」，如圖所示。事實上，即使分子間沒有真的鍵結成另一個分子，而是被一種比較弱的作用力吸引時，就可以說「有○○鍵」或「被○○鍵吸引」。

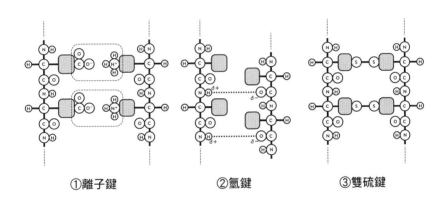

①離子鍵　　　　　　②氫鍵　　　　　　③雙硫鍵

　　圖①顯示正、負離子相互吸引，請看虛線框的部分，胺基酸的結構各有帶正電和帶負電的部分，而這兩個部分會相互吸引。因為離子間是以靜電力形成鍵結，所以稱為離子鍵。

　　圖②顯示氫所帶微量正電的部分（δ＋）和氧所帶微量負電的部分（δ－）互相吸引，類似糖溶於水中時的作用力。因為這

個鍵結和氫的 δ＋有關，所以稱為氫鍵。由於這種鍵結是由微量正電和微量負電互相吸引所產生，所以作用力比離子鍵還弱。

最後的圖③是硫 S 和硫 S 之間的鍵結。胺基酸中的半胱胺酸有一個 SH 部分，當兩個 SH 的部分相互連接時，就稱為雙硫鍵，且原來附著在硫 S 上的氫 H 會被移除。

現在已出現了三種類型的「鍵結」：

圖①：正、負離子藉由靜電力相互吸引，所形成的離子鍵；

圖②：透過微量正、負電荷相互吸引的氫鍵；

圖③：原子和原子之間直接相連形成的鍵結。

一般來說，非金屬原子之間，直接相連形成的鍵稱為「共價鍵」，本書中出現的 H－H、C－C 和 C－O 等，都是屬於共價鍵。而硫和硫相連的情況下，特別稱為「雙硫鍵」。

7　燙髮的化學

這裡要來討論燙髮這個話題。燙髮劑主要是作用在頭髮的皮質層，讓我們來仔細看一下。

如果放大來看，可以發現頭髮的蛋白質相互連接。P.109 的圖顯示了三種不同的鍵結，實際上這些鍵結在頭髮中也是混合存在。讓我們來看看燙頭髮時，這些鍵結會產生什麼變化。

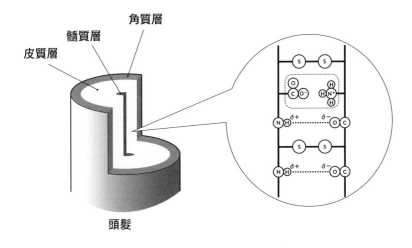

　　為了容易理解，假設頭髮中的蛋白質排列方式如下頁圖所示，①、②和③三種鍵結按照順序排列，接著就開始來燙髮吧。首先把頭髮弄溼，然後加入大量的水 H_2O。受到 H_2O 微量正電和微量負電的影響，會使蛋白質中的氫鍵（②鍵）斷裂，但此時

離子鍵（①鍵）和雙硫鍵（③鍵）還不會斷裂。在三種鍵結中，②的氫鍵是最弱的，只要用水清洗就可以使鍵結斷裂。順帶一提，如果把溼頭髮吹乾，被破壞的氫鍵就會復原。

如果你曾經請美髮師幫你燙髮，或自己燙過頭髮，就會知道，燙髮時會用到兩種不同的燙髮劑，通常稱為第 1 劑藥水和第 2 劑藥水。第 1 劑藥水裡含有破壞①鍵和③鍵的成分。破壞離子鍵（①鍵）的成分稱為「鹼化劑」，而破壞雙硫鍵（③鍵）的成分則稱為「還原劑」。三種鍵結中，③的雙硫鍵具有最強的結合力，為了改變頭髮的形狀，破壞這個鍵結是主要的重點。

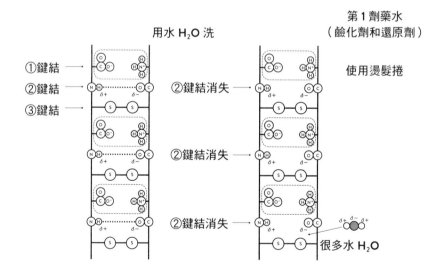

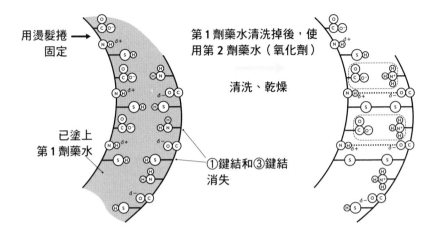

用燙髮捲→
固定

第 1 劑藥水清洗掉後，使
用第 2 劑藥水（氧化劑）

清洗、乾燥

已塗上
第 1 劑藥水

①鍵結和③鍵結
消失

　　出現了「鹼」這個名詞。說到鹼，我們在學校裡有學過「酸
性」和「鹼性」這兩個名詞。酸性和鹼性物質能使石蕊試紙的顏
色改變，其酸鹼強度則是以 pH 值（酸鹼度）來表示，兩者混合
時會發生酸鹼中和。如果頭髮呈現太酸或太鹼的狀態，頭髮中的
離子鍵就會斷裂。

　　燙髮的第 1 劑藥水成分中含有鹼化劑，能使頭髮變為鹼性，
所以會破壞①的離子鍵。此時由於鹼化劑的影響，結構會發生如
下圖的變化，氫以 H^+ 的形式脫離 NH_3^+，使剩下的 NH_2 正電荷
消失，所以就無法再形成離子鍵。

鹼化劑

鹼化劑裡面使用了稱為「氨」（NH_3）和「單乙醇胺」（Monoethanolamine，MEA，C_2H_7NO）的分子。另外，「還原劑」又是什麼呢？還原劑破壞了③的雙硫鍵，氫則附著在斷裂的一端，使雙硫鍵恢復到原本的結構（半胱胺酸的 SH），而這種反應就是所謂的「還原」反應，意味著蛋白質被還原了。如下圖所示。

和氫結合（還原）

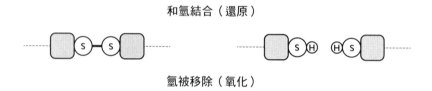

氫被移除（氧化）

　　在國中理化我們學到，如果物質和氧結合就是被氧化，如果物質失去氧就是被還原；但在高中化學所學到的氧化還原反應，實際上有很多種定義，例如有物質失去氫，就是被氧化，而物質和氫結合，就是被還原。反過來看，如果兩個 SH 相互連接，並形成雙硫鍵，那就代表蛋白質被氧化了。

　　接下來的步驟，是將頭髮纏繞固定在燙髮捲上，使頭髮變成想要的捲曲形狀。在這種狀態下，包括雙硫鍵在內的三種鍵結都被破壞了。等這個過程結束，再使用水清洗過，就要準備使用第 2 劑藥水了。

　　第 2 劑藥水中含有一種「氧化劑」，可以使 SH 重新連接起

來。如前面提過的，雙硫鍵會被還原劑破壞，但如果被氧化，就會再次形成雙硫鍵。為了引發氧化反應，所以需要使用氧化劑，如此一來，使雙硫鍵恢復後，頭髮就會變成先前固定住的捲曲形狀。使用第 2 劑藥水後，再清洗並將頭髮吹乾，頭髮回到原來的酸鹼度，所有的鍵結都會在頭髮捲曲的狀態下恢復連接，這樣燙髮就完成了。

8 頭髮亂翹和氫鍵的關係

我們繼續來談談其他關於頭髮的話題。燙髮過程中，當頭髮變得太酸或太鹼時，離子鍵會斷裂；而使用還原劑時，雙硫鍵會斷裂；另外，可以藉由弄溼頭髮來破壞氫鍵，但在頭髮變乾後氫鍵就會恢復。即使是燙了頭髮，氫鍵也會在最後吹乾頭髮的過程中恢復。

事實上氫鍵這個現象，即使是對於不燙頭髮的人來說，也應該不陌生，那就是……睡醒後頭髮會亂翹。亂翹的頭髮通常可以用水弄溼來處理，這個方法和氫鍵有很大的關係。因為水分子會將氫鍵打斷，使頭髮恢復成原來的形狀，當頭髮變乾後，氫鍵就會復原了。

如果頭髮溼溼的睡覺，就代表睡覺時頭髮的氫鍵是被打斷的

狀態。在睡眠過程中頭髮會自然乾燥，氫鍵也會慢慢恢復，難怪醒來時頭髮會亂翹。

要好好弄乾頭髮再睡覺喔！

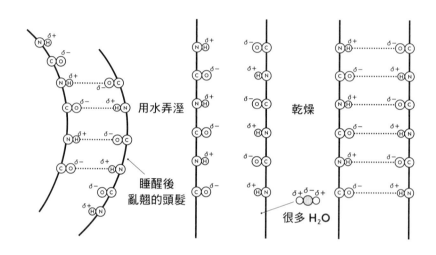

用水弄溼

睡醒後亂翹的頭髮

乾燥

很多 H_2O

9　尿液的成分 NaCl、CH_4N_2O

第四章即將進入最後階段，我們將話題帶到廁所，來聊聊廁所裡的化學。首先來談談「小便」，也就是「尿液」。你知道尿液的成分是什麼嗎？其實大部分都是水，而水以外的成分如下列所示。

氯化鈉（Sodium chloride，NaCl）.............1.5%
尿素（Urea，CH_4N_2O）........................1.7%
氨（Ammonia，NH_3）...........................0.04%
其他 0.7%

即使把這些成分都加起來，也佔不到 4%。氨 NH_3 是尿液中為人所熟知的成分，但含量並不多（0.04%）。除了水以外，尿液的主要成分為「氯化鈉」和「尿素」。氯化鈉 NaCl 也就是鹽，在體內是以鈉離子 Na^+ 和氯離子 Cl^- 的形式進行各種作用。而 NaCl 不只味道鹹鹹的，它在神經系統的訊息傳導中也扮演重要的角色。在第三章，我們解釋了味覺神經和嗅覺神經，分別會向大腦傳遞有關味覺和嗅覺的訊息，而神經傳遞訊息是透過化學物質和電訊號來進行的；順帶一提，「正腎上腺素」（$C_8H_{11}NO_3$）和「乙醯膽鹼」（$C_7NH_{16}O_2{}^+$）等，是神經傳導中較具代表性的化學物質。

Na^+ 和 Cl^- 都是帶電離子，所以可用來產生電訊號。另外，人體內的鉀離子 K^+ 和鈣離子 Ca^{2+}，也一樣可用來傳遞訊息。

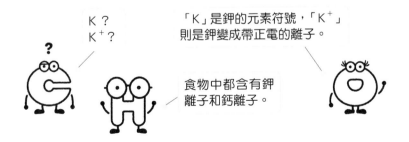

K？
K^+？

「K」是鉀的元素符號，「K^+」則是鉀變成帶正電的離子。

食物中都含有鉀離子和鈣離子。

這些離子不僅出現在味覺和嗅覺神經，還有運動神經和自律神經，也是靠它們來傳遞訊息。運動神經是調控肌肉的神經；自律神經是維持生命的必要神經，掌管呼吸、體溫調節、消化和排泄等功能。我們人體的脊柱裡包含著「脊髓」，脊髓連接大腦和身體各部分，將神經延展到身體各處，所以可以和身體的其他部分（皮膚、眼睛、耳朵、肌肉等）交流訊息。

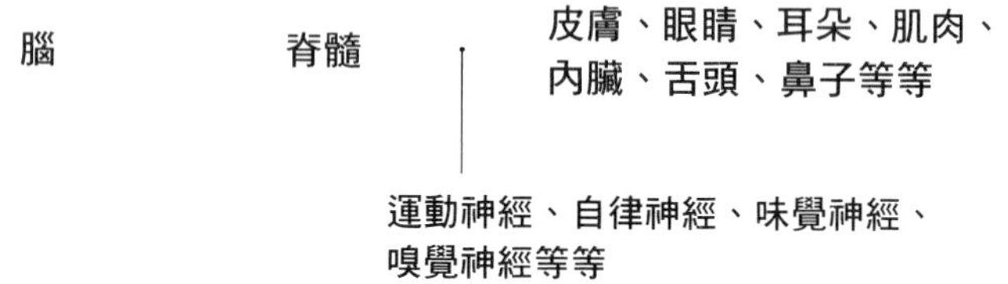

腦　　　　　脊髓　　　　皮膚、眼睛、耳朵、肌肉、
　　　　　　　　　　　　內臟、舌頭、鼻子等等

運動神經、自律神經、味覺神經、
嗅覺神經等等

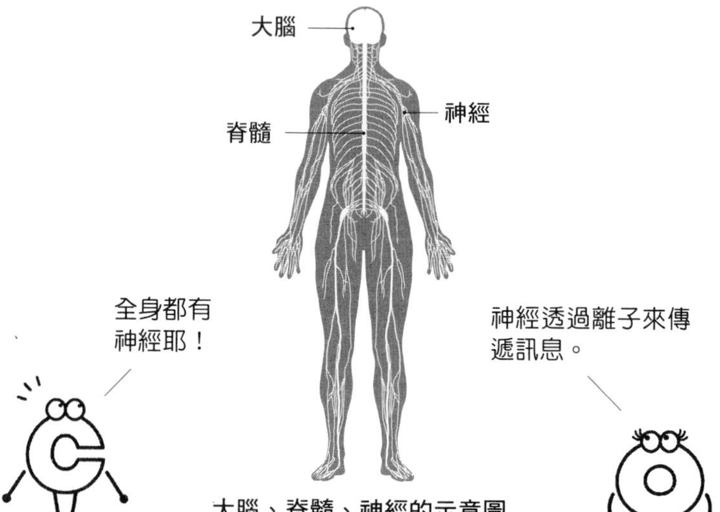

大腦

脊髓　　　　　　　神經

全身都有
神經耶！

神經透過離子來傳
遞訊息。

大腦、脊髓、神經的示意圖

尿素

那麼，尿液中另一種主要成分「尿素」是什麼樣的分子呢？尿素的化學式為 CH_4N_2O，如果我們用圓圈圖案詳細畫出來，結構就如右圖。

尿素是蛋白質被代謝分解後的產物，做為尿液成分被排出體外。蛋白質有很多種類，在身體各處發揮著不同的功能。順帶一提，三大營養素是指碳水化合物、蛋白質、脂質，碳水化合物包含澱粉和蔗糖等；脂質除了油脂外，還包括磷脂和膽固醇。

再回到尿素的話題。蛋白質轉變為尿素經過了什麼樣的過程呢？蛋、肉和魚等食物中含有豐富的蛋白質，這些食物被我們吃下，經過食道到達胃部，胃液中的酶會分解部分的蛋白質，然後再通過胃進入小腸，被胰液（由胰腺分泌至小腸上部）和腸液（由小腸分泌）裡面的酶分解成胺基酸，所以酶在消化方面也發揮了重要的作用。

小腸會吸收消化過程中產生的各種胺基酸，有些胺基酸則是在互相連接組合後才被吸收。接下來，被吸收的胺基酸會到達肝臟，並進一步分解成能量，或用於製造新的蛋白質。此時，肝臟裡的某種酶會分解胺基酸中含氮 N 的部分，並產生「銨離子」，然後它再被肝臟中的另一種酶轉化成尿素。之後，尿素被運送到產生尿液的腎臟。透過這個途徑，尿素最終就會隨著尿液排出體外。如 P.121 的圖所示，身體後方有兩個腎臟。

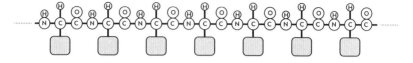

——胃液、胰液、腸液的酶

被小腸吸收後運送到肝臟

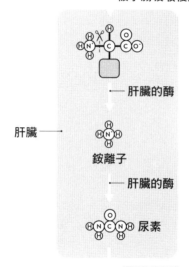

——肝臟的酶

肝臟——

銨離子

——肝臟的酶

尿素

運送到腎臟

各種不同類型的酶參與了蛋白質的分解，已知的有「胃蛋白酶」、「胰凝乳蛋白酶」、「胰蛋白酶」和「肽酶」等。

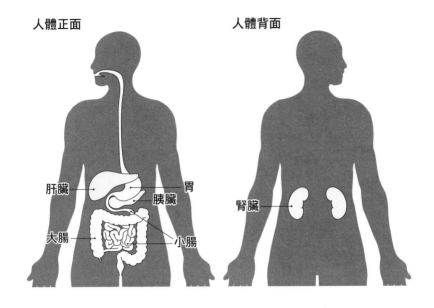

人體正面

肝臟 —— 胃
　　　—— 胰臟
大腸 —— 小腸

人體背面

腎臟

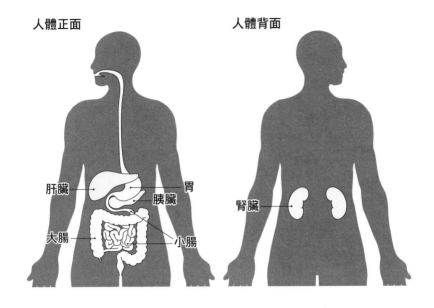

　　碳水化合物和脂質基本上是由碳 C、氫 H 和氧 O 所組成，另外，蛋白質含有一定量的氮 N，而尿素就是消化分解後的最終產物——我們吃進體內的食物被分解，不需要的物質就會排出體外。後面的部分，將詳細說明碳水化合物和脂質如何在人體內進行分解和吸收。

　　現在，你可能認為尿素是一種沒有用的排泄物，但尿素也具有反映身體異常情況的作用。換句話說，血液中的尿素含量可以用來檢驗腎臟的功能（實際上是檢驗尿素中的氮含量，稱為「血中尿素氮」〔Blood urea nitrogen，BUN〕）。尿素還可以告訴我們許多不同的訊息。

如果血液中的尿素含量很高，可能是由於以下情況：

①腎功能受損，無法將尿素排泄出來（腎衰竭）。

②由於產生脫水症狀，尿量減少，尿素無法排出體外。

③蛋白質攝取過多。

相反的，如果數值很低，可能是由於以下情況：

①肝功能嚴重受損，無法分解胺基酸產生尿素（肝衰竭）。

②由於尿崩症（排尿過多），排出大量尿素。

③蛋白質攝取不足。

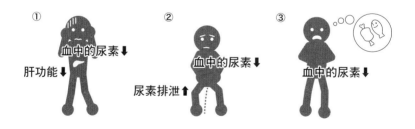

根據血液中蛋白質分解產物的數值，就可以發現身體的異常情況。此外，尿素也被用於製造各式各樣的產品，包括護手霜、乳液和農藥等。

10 再多說一點！
紙尿布的吸水力 C₃H₃NaO₂

這個單元我們來介紹紙尿布，這是一種與尿液相關的產品，事實上，紙尿布的吸水技術也是運用化學的作用力。紙尿布中用於吸水的材料是由許多「丙烯酸鈉」（C₃H₃NaO₂）連接而成的分子。首先來談談丙烯酸鈉，下圖中左側是丙烯酸鈉的圓圈圖案分子結構，右側則是簡化過的圖。如同前面單元的許多情況，氧 O 傾向於帶負電，而鈉 Na 則傾向於帶正電。

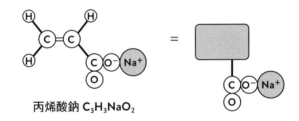

丙烯酸鈉 C₃H₃NaO₂

這個部分遇到水分子時會分解，就和鹽 NaCl 的情況相同。請先記住這項性質，因為它是後面內容的重點。

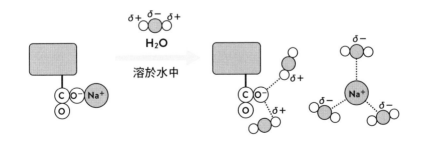

大量的丙烯酸鈉連接在一起，就成了紙尿布吸水技術所使用的材料。這種分子稱為「聚丙烯酸鈉」$(C_3H_3NaO_2)_n$，在名稱前加上「聚」，代表「許多」的意思。下面是聚丙烯酸鈉的示意圖。如圖所示，許多丙烯酸鈉以四邊形的部分連接在一起，但實際上分子的結構並非像這樣的直線構造。

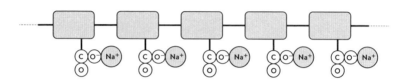

　　紙尿布裡的聚丙烯酸鈉，實際上是圓球形（下圖中以圓圈來表示），而且圓球內部有立體的網狀結構，如果放大來看，可以看到帶正電和負電的部分。

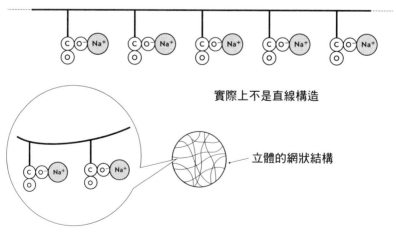

我們繼續討論吸水的部分。當水 H_2O 進入這個分子時，網狀結構就會膨脹，形成下圖顯示的情況。因為聚丙烯酸鈉分子間有互相連接的構造，所以形成立體的網狀結構。當水進入時，正電的部分（鈉離子）和負電的部分（分子本體）會分解開來，然後附著在分子本體上的負電部分（COO⁻）彼此互相排斥，使網狀結構變得愈來愈大。

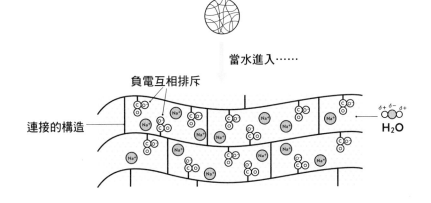

透過這種方式吸收愈來愈多的水，球狀的聚丙烯酸鈉就會逐漸膨脹起來。而網狀結構能捕捉水分子，讓它不容易脫離。1 g 聚丙烯酸鈉大約可以吸收 1000 g 的水，而尿液大部分的成分是水，也就是說，聚丙烯酸鈉可以吸收尿液。

但由於尿液成分的關係，所以無法像水那樣有效被吸收，不過 1 g 聚丙烯酸鈉仍可吸收大約 50 g 的尿液。紙尿布的吸水功能，是因為受到水分子的影響，而使正電和負電分開來。

紙尿布裡含有球狀的聚丙烯酸鈉。

吸收尿液後就會膨脹呢！

11 糞便 ── 食物消化的過程

尿液之後，這裡要繼續討論的是「糞便」的話題。糞便的成分是什麼呢？在說明之前，得先談談食物是如何被消化的。食物中主要的營養素是碳水化合物、蛋白質和脂質，它們會被唾液、胃液和胰液分解，然後被小腸吸收。蛋白質分解產生尿素的過程，前面已經介紹過了，這裡要來聊聊碳水化合物和脂質的情況。

碳水化合物就是澱粉及蔗糖等物質，它們分別是米和糖的主要成分。除了米之外，餐桌上常見的麵包、麵條、根莖類等食物中，澱粉的含量也很豐富。那我們就以直鏈澱粉和蔗糖為例，來說明碳水化合物的消化過程。

首先來看直鏈澱粉，它是由 200~300 個葡萄糖連接組成的直線狀分子。下頁圖以六角形代表葡萄糖，相連起來就形成了直鏈澱粉。直鏈澱粉會先被唾液中的酶分解，然後再被胰液中

的酶分解，因為這兩種酶都會分解直鏈澱粉，所以都稱為「澱粉酶」。

　　經澱粉酶分解後的產物，主要是由兩個葡萄糖連接在一起的分子，稱為「麥芽糖」，而這種分子會再被小腸腸液中的酶進一步分解，這種酶稱為「麥芽糖酶」。經過愈來愈多的分解，最後的產物就是葡萄糖。葡萄糖會被小腸吸收，之後會再進一步被分解成為能量。

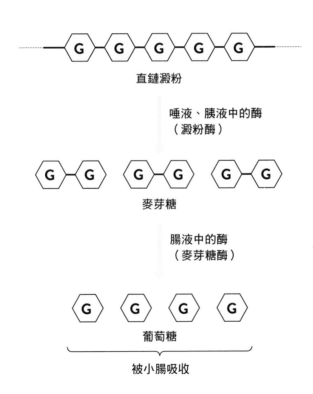

接下來看看蔗糖的分解。蔗糖是比直鏈澱粉還要小很多的分子，只能被腸液中的「蔗糖酶」分解，成為葡萄糖和果糖。然後，葡萄糖和果糖都會被小腸吸收，並進一步分解為能量。

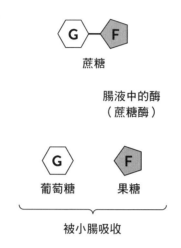

蔗糖

腸液中的酶
（蔗糖酶）

葡萄糖　　果糖

被小腸吸收

接下來談談脂質的消化。在第三章裡詳細介紹過油脂分子，油脂就是指油和脂肪，它們在餐桌上也很常見。

首先，當油脂從口腔進入身體，通過食道和胃之後，會被胰液中所含的脂肪酶分解。油脂與脂肪酶的反應，在蔬菜的內容中已介紹過，脂肪酶不僅在蔬菜中有，在人體內也有。胰液中的脂肪酶會切斷油脂分子，位置如下頁圖所標示的兩個地方，然後這些分解產物也會被小腸吸收，並進一步分解成能量。

從口腔進入身體的營養素會被各種不同的酶分解，這些分解後的產物則會被小腸吸收並轉變成能量。無論是哪一種營養素，都必須被分解得很小才能被人體吸收。酶在整個消化過程中，扮演著非常重要的角色。

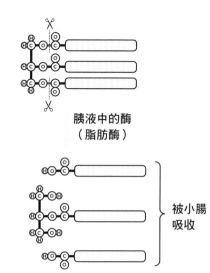

胰液中的酶
（脂肪酶）

被小腸
吸收

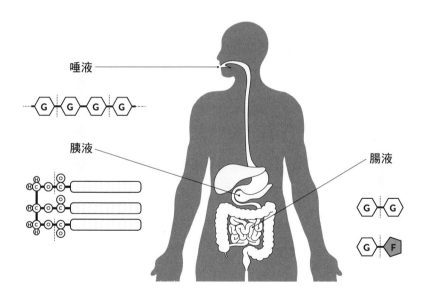

唾液

胰液

腸液

12 糞便——膳食纖維與腸道菌

這裡我們就來談談糞便本身吧。三大營養素都是在小腸中被吸收，那麼從大腸排出來的糞便，又是由什麼分子組成的呢？糞便的主要成分比例如下列所示。

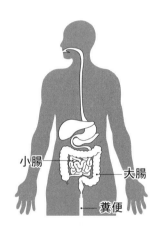

小腸　　大腸

糞便

水分 75~80%
其餘的是……
膳食纖維（食物殘渣）、剝落的腸壁佔 2/3
腸道菌佔 1/3

　　糞便的組成中大約有 80% 是水分，雖然看起來像固體，但其實含有大量的水。另外，還包含稱為「膳食纖維」的食物殘渣。膳食纖維的構造不能被人體內的酶分解，所以無法被小腸吸收，會一路到達大腸。

　　你聽過「膳食纖維」可以幫助排便嗎？這是因為有些膳食纖維會吸收水分而膨脹，使糞便量增加，並刺激腸道排便的緣故。也有一些膳食纖維溶於水後會變得黏稠，可以軟化糞便，使排便更順暢。另外，糞便中還含有「剝落的腸壁細胞」；以及稱為「腸道菌」的細菌。顧名思義，腸道菌就是生活在腸道內的細菌，糞便中有些腸道菌是活的，也有些是已經死亡的。以上這些東西加起來的固體混合物，就是糞便的真面目。

　　現在，我們再更詳細的解釋一下「膳食纖維」。一根纖維的直徑約為 100 nm（奈米），nm 這個單位是用來表示非常小的尺度。膳食纖維太細小，並無法靠舌頭舔舐來感受，需要從分子的層級來觀察它的纖維結構。像是水果中的「果膠」、寒天（洋菜）中的「洋菜糖」、海帶中的「海藻酸鈉」和蘑菇中的「幾丁質」等等……這些分子都是膳食纖維，它們都具有類似葡萄糖分子的結構，長串連接在一起。

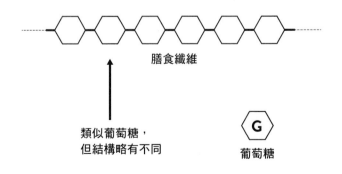

膳食纖維

類似葡萄糖，
但結構略有不同

葡萄糖

如上頁圖，膳食纖維具有類似葡萄糖的結構，這裡一樣用六角形表示，不過它和葡萄糖略有不同。乍看之下，它很像直鏈澱粉，但不同種類的膳食纖維，在六角形這個部分的實際詳細結構也有所不同。

　　由於結構上的細微差異，膳食纖維無法被我們唾液和胰液中的澱粉酶分解，換句話說，我們不能消化或吸收這些纖維。順帶一提，蔬菜中的膳食纖維（纖維素）是由葡萄糖組成的，雖然看似可以被澱粉酶分解，但因為它的連接方式與直鏈澱粉不一樣，所以也無法被分解。關於含有葡萄糖組成的膳食纖維，將會在後面的單元中介紹。

　　另外，由具五角形結構的果糖所組成的「菊糖」，以及具有許多苯環結構的「木質素」，也都屬於膳食纖維。菊糖存在於牛蒡和大蒜中，木質素則存在於豆類中，這兩者都不能被我們人體內的酶分解。

　　膳食纖維進入人體後，發生了什麼樣的變化呢？這些分子在小腸不會被分解，所以會通過小腸，進入大腸。大腸是製造糞便的地方，同時，大腸中有一群等待利用膳食纖維的腸道菌。

　　在蛀牙的單元中，介紹過轉糖鏈球菌，但人體內外還有許多種細菌。腸道菌生活在小腸和大腸中，大約有 1000 種，總數則差不多有 100 兆個！那麼，腸道菌在我們體內有什麼作用呢？最近的研究顯示，腸道菌分解膳食纖維時產生的「短鏈

脂肪酸」（Short-chain fatty acids，SCFAs）分子，對身體有許多益處，例如可以預防肥胖及治療糖尿病等。這項研究鼓勵大家多攝取含有膳食纖維的食物，讓腸道菌維護身體的健康！另外，我們常提到的「醋酸」也是一種短鏈脂肪酸；比醋酸含有稍微多一點碳和氫的「丙酸」（CH_3CH_2COOH）和「丁酸」（$CH_3CH_2CH_2COOH$），也都屬於短鏈脂肪酸。

而腸道菌中，還有可以分解蛋白質，並釋放出「糞臭素」（C_9H_9N）和「吲哚」（C_8H_7N）等氣體的細菌。這些是在糞便和腸胃脹氣中發現的臭味分子，所以散發出臭味的分子也是來自於細菌。

這樣，你知道糞便究竟是什麼東西了吧！

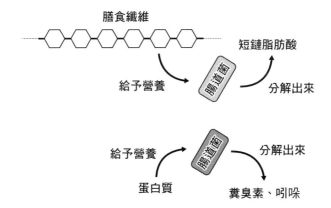

肚子裡有很多
細菌耶！

它們可以分解人
類無法分解的膳
食纖維。

Chapter **5**
來看看客廳和臥室裡的化學式！

現在要進入新的章節了。這裡我們要來談談與客廳及臥室相關的化學，內容難度更進階一些，但很值得一讀！

欸！？
很難懂！

如果循序漸進讀到這裡，就沒問題喔！

┃ 關於液晶 $C_{18}H_{19}N$

首先來看看客廳。說到客廳，通常都會想到電視。但隨著時代變遷，筆者發現，自己身邊會說「家裡沒有電視」的人，慢慢增加了……現在大部分都是「液晶」電視，播放畫面的螢幕就稱為液晶顯示器，它的材料是使用一種處於液晶狀態的分子。其他如電腦、智慧型手機或數位手錶的螢幕等等都是屬於液晶，充斥在我們的日常生活中。早在 1970 年代就開始量產販售的計算機，現在的螢幕也是使用液晶。

液晶是什麼樣的分子呢？其中最相關、最具代表性的典型分子，化學式為 $C_{18}H_{19}N$。

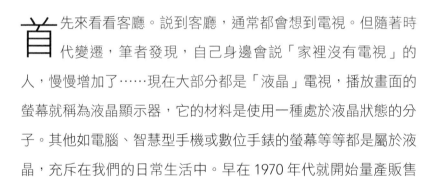

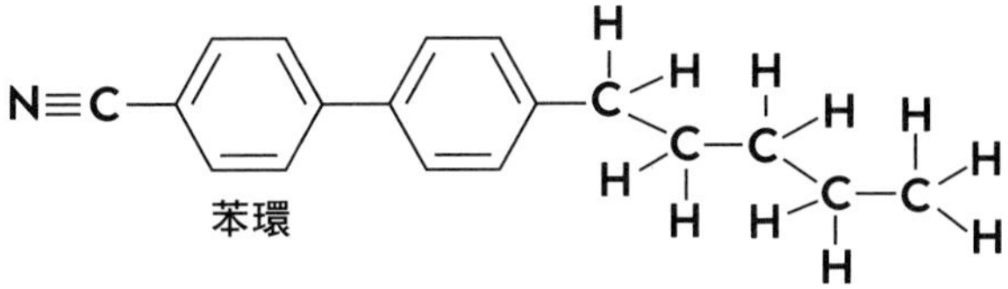

苯環

$$C_{18}H_{19}N$$

　　分子中有兩個苯環連接在一起，左端有碳與氮以三條線連接，右側則是五個碳連接在一起，氫也接在上面。整個分子的外型細細長長的，這就是構成液晶顯示器的分子。

　　首先，來說明一下什麼是液晶狀態的分子。液晶狀態是指分子介於固體和液體之間的狀態，我們從分子的層級來說明什麼是固體和液體，下面是以冰與水為例的示意圖。

固體冰（H_2O）　　　　液體水（H_2O）

　　冰當然是固體，在此狀態下，水分子 H_2O 是以非常整齊的方式排列，位置也維持固定。但如果冰融化成液體，水分子會分散到不同的方向和位置，而且可以自由移動。

即使液體看起來沒有在
動，但從分子層級上來
看是會移動的。

那麼介於固體和液體之間的液晶，狀態又是如何呢？以 $C_{18}H_{19}N$ 分子為例，先把分子簡化成橢圓形的圖案。

$$N \equiv C \quad \text{——苯環——苯環——} \quad \text{（碳氫鏈）}$$

$$=$$

下一張圖則分別是固體、液晶、液體狀態的分子。固體和液體的情況類似於前面水分子的例子。固體狀態下分子以相同方向整齊規則的排列，且位置也是固定的；而液體狀態下分子的方向和位置不固定，且可自由的四處移動。至於液晶狀態下的分子，雖然排列的方向都相同，但位置卻不固定，就和液體一樣可以自由的移動。

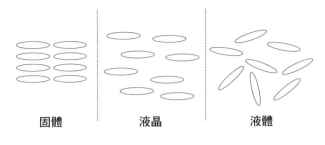

固體　　　　　液晶　　　　　液體

這個性質很有趣，比喻來説，就像這些分子們發現了遠處一些有趣的事物，然後一起朝著同一個方向，這樣應該大致可以理解液晶的狀態了。液晶狀態的分子還具備更有趣的性質，我們繼續往下看。

如下圖①，先將液晶分子夾在電極之間，假設此時分子的排列方向如圖中所示；當連接電極的開關打開時，電極之間會產生電壓，使液晶分子一起轉到指向電極的方向，如圖②。總之，左圖是施加電壓前（OFF）的狀態，右側則是施加電壓後（ON）的狀態；藉由 ON/OFF 開關電壓，就能改變液晶分子的方向。由於液晶分子具有這樣的特性，所以被應用在液晶顯示器上。

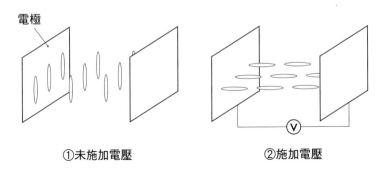

①未施加電壓　　　　　②施加電壓

2 液晶電視的原理

接著來說明液晶電視中的液晶，是以什麼樣的狀態存在。下圖是液晶分子與電極的示意圖，為了方便理解，圖中僅顯示一列液晶分子，但實際上有許多液晶分子充滿內部。液晶電視內部的液晶分子排列如下面左圖所示，分子角度由垂直方向逐漸改變，一邊旋轉、一邊排列成螺旋形。

　　事實上液晶分子不僅是被夾在電極之間，同時也被「配向膜」夾住，就像三明治一樣，而液晶分子會沿著刻在膜上的溝槽改變方向。當然，如果施加電壓，液晶分子就會像下面右圖一樣排列整齊，也就是在前一單元所提到的。

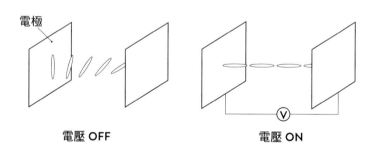

電壓 OFF　　　　　　　　　　　電壓 ON

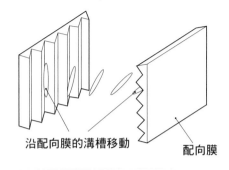

沿配向膜的溝槽移動　　　　配向膜

液晶電視所使用的電極稱
為「透明電極」，顧名思
義是透明的。

接下來我們先來說明光的性質。因為談到液晶電視，就不能忽略光的特性。光雖然筆直前進，但同時又像波浪一樣有規律的振動。

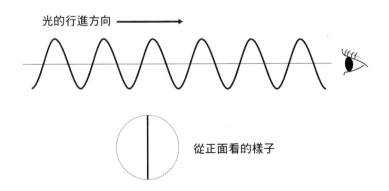

光的行進方向 ⟶

從正面看的樣子

此外，平常我們看見的光（太陽光、月光、燈泡或日光燈的光等），會在各個方向上振動（下圖只顯示了四個方向）。

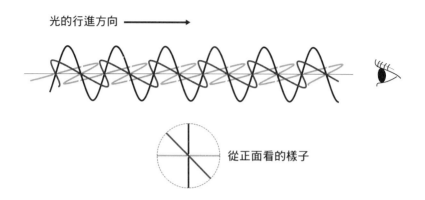

光的行進方向

從正面看的樣子

如果讓光線通過一個稱為偏光鏡（Polarizer，又稱偏振片、偏光板）的過濾器時，透過這種方式，就可以只取得一個方向的光線。

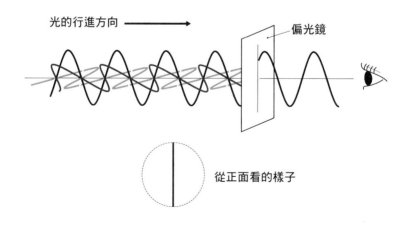

光的行進方向

偏光鏡

從正面看的樣子

也就是說，除了單一方向的光可以通過外，偏光鏡會阻擋其他方向的光線。我們以熟知的事物來說明這種現象，滑雪場的環境非常明亮，那耀眼的光線是來自於雪地所反射的光，如果我們摘下護目鏡，會覺得很刺眼。事實上，滑雪時使用的護目鏡，就是一種偏光鏡（偏光太陽眼鏡），能阻擋部分的光線以保護眼睛；另外，安裝在相機鏡頭上的偏光鏡也是一樣的道理，例如，先用偏光鏡阻擋池面反射的閃爍光線後，再拍下照片。雪地或池面反射的光線，大部分是屬於水平振動的偏振光，所以能被偏光太陽眼鏡或偏光鏡有效阻擋。偏振光的概念對於理解液晶電視的原理來說非常重要。

現在我們回來談談液晶電視。下頁圖是液晶分子夾在偏光鏡之間的示意圖，偏光鏡只會讓與狹縫相同方向的光通過。仔細看看左右兩片偏光鏡，你是否有注意到它們的角度相差了 90 度？這一點很重要。請注意，這張圖是未施加電壓的狀態，左右兩側的電極也省略了。另外，光波會振動，但為了方便理解，這裡以粗箭頭（兩個方向）來表示。

液晶電視具有一個發光的裝置（光源），所發出的光會射向液晶分子存在的區域。但因為設置了偏光鏡，所以只有單一方向的光可以進入。穿過偏光鏡的光會沿著液晶分子旋轉，就像這樣，液晶分子也具有能改變光的方向（角度）的性質。由於光隨著液晶分子旋轉，所以能夠穿越第二片偏光鏡，到達我們眼前。

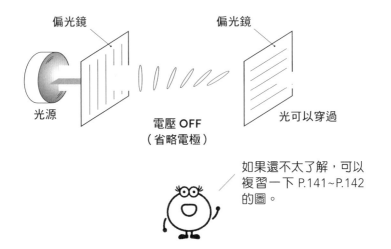

偏光鏡

偏光鏡

光源

電壓 OFF
（省略電極）

光可以穿過

如果還不太了解，可以
複習一下 P.141~P.142
的圖。

　　目前已經說明了電壓 OFF 時的情況，那麼電壓 ON 的時候
又會發生什麼事？回想一下——施加電壓時，液晶分子會一起以
相同方向指向電極。在這種狀況下，穿過偏光鏡的光不會受到液
晶分子的影響而旋轉（下圖省略電極）。因為光沒有旋轉，所以
無法穿過第二片偏光鏡，即無法到達我們眼前，也就是開關打開
時一片漆黑，什麼也看不見。

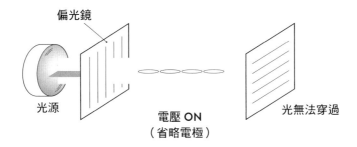

偏光鏡

光源

電壓 ON
（省略電極）

光無法穿過

在液晶顯示器中，施加電壓或未施加電壓都是非常精密的控制。另外也有相反的控制模式，在電壓 OFF 時是黑暗的，電壓 ON 時是明亮的，稱為 VA（Vertical Alignment，縱面定線）模式。前面介紹的模式則稱為 TN（Twisted Nematic，扭曲向列）模式，twisted 的意思是「扭曲」，代表液晶分子是以扭曲的方式排列。

像這樣把很多個以 ON/OFF 切換的單元聚集在一起，就可以組成顯示器了。我們以下圖來表示這種控制的機制，一個小正方形就代表一個像素，每個小正方形都可以切換 ON/OFF，並藉由明暗差異顯示出畫面。

□
電壓 OFF

■
電壓 ON

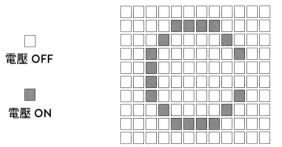

畫面出現了！是碳 C 耶！這樣能了解液晶電視運作的原理了！

現在的液晶電視裡，有數千萬個這樣的單元，也就是所謂的像素數。大家應該都聽過 3840×2400 像素……之類的用詞，代表顯示器橫向有 3840 個像素，縱向有 2400 個像素，一個個整齊排列著，可以用來切換 ON/OFF 以控制螢幕呈現的畫面。

在液晶電視出現以前，電視螢幕使用的是陰極射線管，體積很大，深度很深也很笨重，且玻璃也很厚重（現代年輕人可能沒有看過……）。相較之下，現在的液晶顯示器非常輕薄，提供很大的幫助。也因為較薄的關係，所以能研發出早期的傳統手機與現代的智慧型手機。

不過，液晶分子本身是不會發光的，很多人搞錯這一點。前面所說的「光源」是後面的背光燈所發出來的光，透過液晶分子到達我們眼前，所以不要誤解了。雖然液晶顯示器使用的分子不會發光，但也有會發光的分子，稱為「OLED」（Organic Light-Emitting Diode，有機發光二極體）。由於不需使用背光燈，所以做出來的顯示器比液晶電視還要薄，畫面也更美麗，顯示器本身還能彎曲。

雖然液晶電視和智慧型手機可以顯示彩色畫面，但液晶分子本身是沒有顏色的。那麼，液晶顯示器又是如何呈現彩色的畫面呢？我們再來談談光。白光，就是混合了各種顏色的光，包括平常房間裡使用的燈泡或日光燈的光，以及太陽所發出來的光。利用玻璃或水晶製成的「稜鏡」，可以將各種顏色的光分解出來，

可能有些人有在學校做過這樣的實驗。下面是白光通過稜鏡時的示意圖，光通過稜鏡內部射出時，由於不同波長的光行進方向改變，大致上可分為七種顏色。

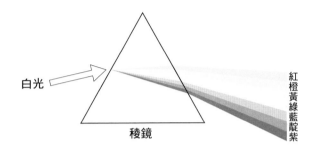

白光

稜鏡

紅橙黃綠藍靛紫

從這個實驗可以看出，平常所見的光是由各種顏色的光組合而成。了解這點後，我們再回到呈現色彩技術的話題上。如下圖所示，液晶顯示器是由光源產生白光，通過液晶分子及第二片偏光鏡後，經過篩選顏色的過濾器（彩色濾光片），使需要的色光通過，並傳遞到我們眼前，而其他色光則會被彩色濾光片吸收。另外，也有先讓光通過彩色濾光片，再通過液晶分子的方法。

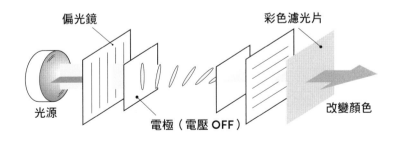

偏光鏡

彩色濾光片

光源

電極（電壓 OFF）

改變顏色

事實上，一個像素中存在著紅、綠、藍三種彩色濾光片，能分別使紅色、綠色及藍色的光通過。紅、綠、藍被稱為「光的三原色」，可以藉由這三種光的顏色與強度，來組合成各種顏色。如果在一個像素中調整顏色組成，就可以自由的展現色彩了。

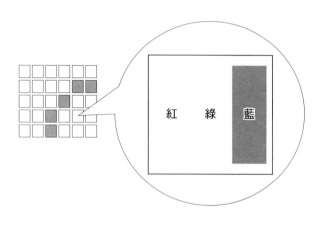

高速切換每個像素的顏色和亮度，就會變成影片。

一個像素非常小，如果從遠處看，三種顏色就像混合在一起，和點彩畫的原理相同。

覺得如何呢？在液晶電視中，介於固體和液體中間狀態的液晶分子，發揮了莫大的作用。現在你可以理解平常使用的「液晶」這個詞彙的意義，以及它們發揮作用的原理。

3 衣物——利用化學方法製成的 聚酯纖維

現在，我們進入下一個話題。客廳和臥室通常都有抽屜櫃或衣櫃，裡面應該會放置一些衣物。衣物原料的分子，是由某些分子反覆連接在一起而組成的，所以形成了更大的分子，它們被稱為「高分子」。

「聚酯纖維」（Polyester）是被用於衣物原料最常見的分子之一，如果察看衣物上所附的標籤，可以發現大多都是以聚酯纖維為原料。「Poly」這個字首是代表「很多」的意思。聚酯纖維有許多種類型，具代表性的其中之一，是「聚對苯二甲酸乙二酯」（Polyethylene terephthalate，PET）。如下頁圖所示，它是由兩種分子結合而成——「對苯二甲酸」（$C_8H_6O_4$）和「乙二醇」（$C_2H_6O_2$）。

對苯二甲酸有一個苯環，兩端連接著兩個類似醋酸的結構。這個分子看起來只有兩個氫，但請注意實際上是省略了連接在苯環上的四個氫，所以它的化學式為 $C_8H_6O_4$；另外，乙二醇有兩個羥基 OH。這兩種分子反覆連接在一起，就形成了聚對苯二甲酸乙二酯。

本書出現過很多種原本就存在於我們體內或植物體內的高分子，但聚對苯二甲酸乙二酯，則是人工製造出來的高分子。

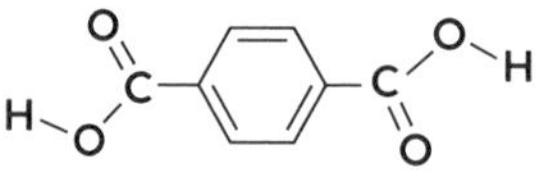

對苯二甲酸
$C_8H_6O_4$

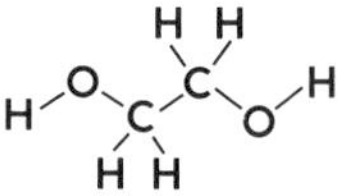

乙二醇
$C_2H_6O_2$

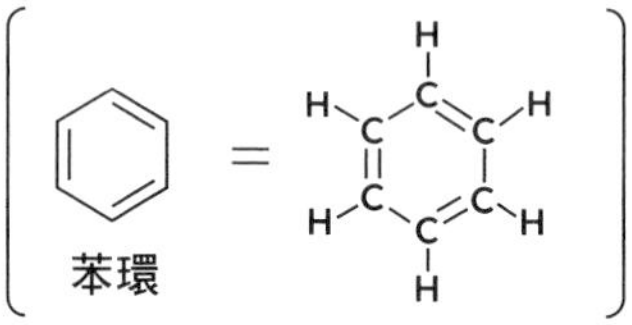

苯環

　我們來看看合成的過程吧。對苯二甲酸的 OH 與乙二醇的 H 脫離後連接在一起，並形成一個水分子。

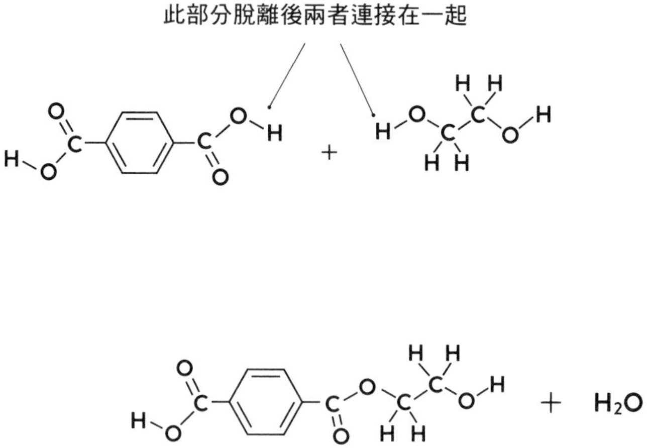

此部分脫離後兩者連接在一起

$+$

$+$ H_2O

重複許多個分子互相連接在一起，就會變成下面的結構。

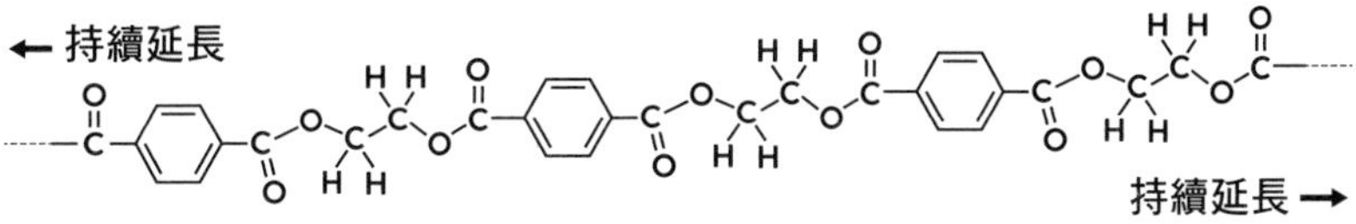

← 持續延長

持續延長 →

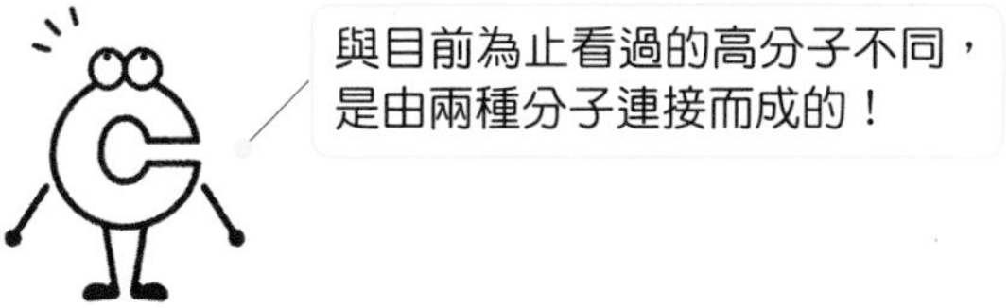

與目前為止看過的高分子不同，
是由兩種分子連接而成的！

假設連結的次數為 *n*，就可以得到下面的化學式，這裡把兩端的 OH 與 H 省略掉（也有不省略的表示法）。

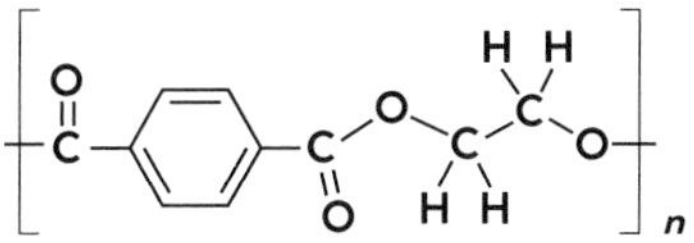

聚對苯二甲酸乙二酯

此外，將對苯二甲酸分子的結構稍做變化，這個分子也同樣可以做為聚對苯二甲酸乙二酯的原料。透過加熱這個分子與乙二醇（150~300℃），也會產生聚對苯二甲酸乙二酯。

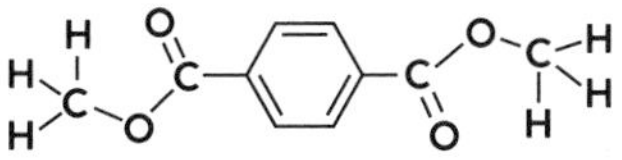

順帶一提，聚對苯二甲酸乙二酯不僅可以使用在衣物上，還

可以做為寶特瓶的原料，產量很大。這種高分子的英文縮寫為PET，寶特瓶（PET bottle）的名稱，就是來自於這種高分子。

4　衣物——來自於植物的棉 $(C_6H_{10}O_5)_n$

看看我們手邊衣物的標籤，成分中除了聚脂纖維以外，經常也有棉。棉是從錦葵科、棉花屬植物中的棉花製造而成的（科和屬是生物分類使用的名詞）。棉花用來保護種子而產生的柔軟纖維，經過加工之後，就是所謂的棉。棉並非人工製造出來的，而是一種天然存在的分子，並廣泛使用於衣物上。在人工合成製品普及前，主要都是以天然材料作為衣物的原料。

除了棉以外，羊毛也是另一種天然纖維。就像人類的毛髮中含有蛋白質，羊毛也是由蛋白質組成。另外還有蠶絲（蠶繭），也是由蛋白質組成。

現在，來談談這次的主題——棉。棉主要成分的化學式如下，稱為「纖維素」。

$$(C_6H_{10}O_5)_n$$

這個化學式已出現多次了，它也是米中含有的澱粉，以及由轉糖鏈球菌產生的葡聚糖的化學式。但使用在衣物纖維的棉，可是完全不同的物質。

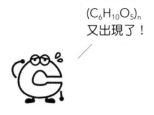

$(C_6H_{10}O_5)_n$ 又出現了！

同樣的化學式，為什麼會產生不一樣的物質呢？讀到這裡的人也許已經猜到了，這是因為分子連接的方式有所差異。

那麼我們來比較一下，棉的主要成分纖維素，和具有相同化學式的直鏈澱粉的結構。如下圖所示，直鏈澱粉是葡萄糖連接在一起所組成的分子，所有的葡萄糖都以同一方向連接。但纖維素中的葡萄糖，則是交替翻轉的連接在一起。

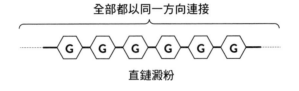

全部都以同一方向連接

直鏈澱粉

交替翻轉連接在一起！

纖維素

為什麼會有這麼大的差異呢？事實上，是因為有兩種葡萄糖存在。如下頁圖所示，加上底色的地方，羥基的方向不太一樣。

羥基向下者稱為「α-葡萄糖」，向上則稱為「β-葡萄糖」。

α-葡萄糖

β-葡萄糖

只有此部分
略有不同

　α-葡萄糖可組成直鏈澱粉和支鏈澱粉，β-葡萄糖則是可以組成纖維素。直鏈澱粉與纖維素的連接方式之所以不同，就是因為葡萄糖分子細微的構造差異所造成的。由於連接方式不同，所以分解澱粉的「澱粉酶」無法分解纖維素，這跟前面提過的膳食纖維的特性相同。事實上，蔬菜含有非常多纖維素，它正是膳食纖維的一種。

纖維素可做為膳食纖維，也是衣物的原料。

　另外，蒟蒻中含有「葡甘露聚醣」這種膳食纖維，其中也含有翻轉連接的葡萄糖構造，所以它也無法被澱粉酶分解。

翻轉的狀態

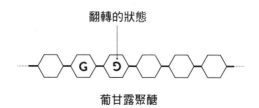

葡甘露聚醣

　　衣物的話題就到這裡結束。現在你應該可以了解，做為衣物原料的聚酯纖維與棉的構造了。

5　電池的化學

第五章最後要來談的主題是「電池」，電池裡的成分當然也可以寫成化學式喔！通常我們看到的電池，大多都是乾電池，觀察一下客廳或臥室，可以發現掛鐘、電視和冷氣的遙控器等等，都是使用乾電池來運作。在智慧型手機和筆記型電腦中也都有電池，雖然它們的外型和乾電池不一樣。

　　2019 年的諾貝爾化學獎，頒給了古迪納夫（John Bannister Goodenough）教授、惠廷安（Michael Stanley Whittingham）教授和吉野彰教授，獲獎的原因是研發出了「鋰離子電池」。鋰離子電池非常特殊，所以成為三位教授獲得諾貝爾獎的主要原因。這種電池又小又輕，卻具有很大的能量，因此能讓依靠電池供電的產品減小尺寸，甚至還可以隨身攜帶。要說是因為鋰離子電池，才使得傳統手機與智慧型手機、筆記型電腦等產品普及到生活中，一點也不誇張。

鋰離子電池又小又輕，但可以產生超多能量！

這種電池也是電動車發展的關鍵。

雖然體積小，但有很多能量，所以也能應用在無人機上。

　　首先來認識什麼是電池，我們以最早應用在工業上的「鋅銅電池」（Daniell cell，又稱丹尼爾電池，以其發明者丹尼爾命名）為例來說明。一般來說，電池是利用金屬發生化學反應來產生電力。鋅銅電池中使用了「鋅」Zn 和「銅」Cu 這兩種金屬。簡略的解釋電池的工作原理，就是「電子」從一種金屬移動到另一種金屬，而電子的移動就形成了電流。但實際上，電子移動與形成電流，兩者的意思並不完全相同，後面會再進一步解釋。

　　那麼什麼是電子呢？我們用鹽 NaCl 來舉例說明。NaCl 並非 Na 和 Cl，而是 Na^+ 和 Cl^-。首先來看看 Na^+（鈉離子）與電子，Na^+ 是一個電子從 Na 脫離而成的，反應式如下。

$$Na \rightarrow Na^+ + e^-$$

　　「e^-」代表電子，是一種帶負電，且非常微小的顆粒（稱為粒子）。Na^+ 當然也很小，但電子比 Na^+ 還要小得多。計算上

面式子右側的正負電荷數，可以發現 Na$^+$ 是＋1，e$^-$ 是－1，加起來是 0；式子左側則是不帶電的 Na（既不帶正電也不帶負電，所以是 0），因此式子左右兩側的電荷是平衡的。相對而言，Cl$^-$（氯離子）是 Cl 獲得一個電子而成的，反應式如下。

$$Cl + e^- \rightarrow Cl^-$$

這次，式子左右兩側的電荷數都是－1，所以電荷也是處於平衡的狀態。所以思考離子時，也要考慮到電子的存在。這顯示，Na 傾向於放出電子，所以容易帶正電；Cl 傾向於獲得電子，所以容易帶負電。

我們再回來談談鋅銅電池中使用的鋅 Zn 和銅 Cu。Zn 和 Cu 是金屬，而金屬原子基本上都傾向於形成正離子，也就是說，金屬容易放出電子。Zn 和 Cu 都傾向於形成正離子，但比較起來，Zn 比 Cu 更容易成為正離子。

$$Zn > Cu$$
$\longleftarrow$
容易形成正離子

根據這一點，再回來看看鋅銅電池。

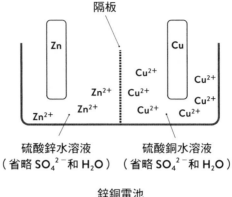

隔板

Zn

Cu

Zn^{2+}

Zn^{2+}

Zn^{2+}

Cu^{2+}

Cu^{2+}

Cu^{2+}

Cu^{2+}

Cu^{2+}

Cu^{2+}

硫酸鋅水溶液
（省略 SO_4^{2-} 和 H_2O）

硫酸銅水溶液
（省略 SO_4^{2-} 和 H_2O）

鋅銅電池

　　電池中所使用的金屬，通常稱為「電極」。如上圖所示，Zn
電極（鋅片）被浸泡在有「硫酸鋅」溶於水的液體中（硫酸鋅水
溶液），而 Cu 電極（銅片）則浸泡在有「硫酸銅」溶於水的液
體中（硫酸銅水溶液）。硫酸鋅的化學式為 $ZnSO_4$，硫酸銅的化
學式則為 $CuSO_4$。

　　$ZnSO_4$ 在水中被分解為 Zn^{2+} 和 SO_4^{2-}，$CuSO_4$ 則被分解為
Cu^{2+} 和 SO_4^{2-}。Zn^{2+}（鋅離子）與 Cu^{2+}（銅離子）的右上方都
寫成 2＋，代表它們攜帶的正電是 Na^+ 的兩倍。

　　如下頁圖，在電極上設置導線和小燈泡時，電子會從 Zn 電
極釋放出來，然後流向 Cu 電極。此時反應式如下頁所示，與
Na 變成 Na^+ 的反應式相比，放出的電子數量變為兩倍。如同前
面所述，電子的移動代表電在流動，所以與導線相連的小燈泡會
發亮。Zn 電極放出電子時，Zn 會變成 Zn^{2+} 並溶解在水中。

$$Zn \rightarrow Zn^{2+} + 2e^{-}$$

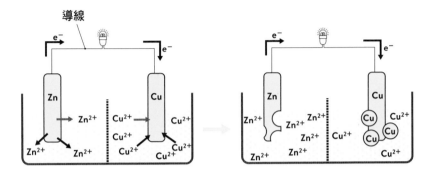

上圖的右側部分中，Zn 電極上的 Zn 減少了，水中的 Zn^{2+} 則變多了；另外，Cu 電極沒有放出電子，是因為 Zn 更容易釋放電子。從 Zn 電極放出來的電子會往 Cu 電極移動，但 Cu 不能接收電子（因為 Cu 傾向於帶正電）。另外，水溶液中的 Cu^{2+} 則是失去電子的狀態，而且能夠接受電子，反應如下。

$$Cu^{2+} + 2e^{-} \rightarrow Cu$$

在圖的右側部分可以發現，Cu 電極上的 Cu 增加了，水中的 Cu^{2+} 則減少了。透過以上兩種化學反應，可以創造出電子在導線中流動的機制，並且讓導線中間的小燈泡發亮。簡而言之，

化學反應產生的能量被轉換為電能了。另外，用隔板隔開兩種水溶液，可使硫酸鋅水溶液和硫酸銅水溶液不容易混合（但無法完全阻擋溶液中的離子通過）。如果沒有隔板，水溶液中的 Cu^{2+} 很容易會向 Zn 電極移動，並直接從 Zn 獲得電子（$Cu^{2+} + 2e^-$ → Cu）。這樣的話，導線裡就不會有電子流動了。

　　鋅銅電池研發出來後，研究人員也嘗試過很多種金屬，並開發出各種電池。例如碳鋅電池（含錳 Mn、鋅 Zn）、鎳鎘電池（含鎳 Ni、鎘 Cd）、鉛蓄電池（含鉛 Pb）等等。

　　雖然用做電極的金屬不同，但基本原理是一樣的。鎳鎘電池和鉛蓄電池可以「充電」；在鋰離子電池出現以前，鎳鎘電池就已被廣泛使用了；我們常看到的「乾電池」，大多是含有錳 Mn 的碳鋅電池和鹼性電池。

　　乾電池的內部結構與鋅銅電池不同，但原理是一樣的。乾電池內部構造分成正負兩個電極，電子從負極發射出來，並流向正極。要注意的是，雖然聽起來有點複雜，但電流的流動方向與電子的移動方向相反。這是因為先前人們還不夠了解電子時，決定（定義）電流的方向是從正極流向負極。

乾電池

我們以乾電池為例，來看看碳鋅電池的內部結構。下圖是碳鋅電池的簡化圖。可看出電極的連接方式與鋅銅電池不同，這種電池使用的是鋅 Zn 電極，以及二氧化錳 MnO_2 電極。

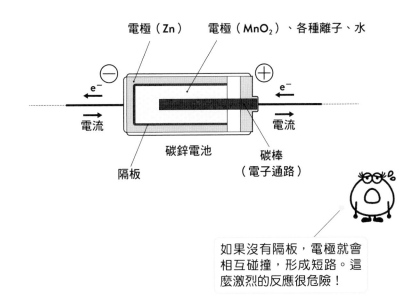

如果沒有隔板，電極就會相互碰撞，形成短路。這麼激烈的反應很危險！

接下來談談「充電」。到目前為止都是說明消耗電極的「放電」，那充電時會發生什麼化學反應呢？雖然實際上鋅銅電池無法做為充電電池，但以它為例來解釋充電原理，方便讀者理解。

下頁圖顯示 Zn 電極被大量消耗的狀態，這時使用乾電池來充電，電子會從乾電池的負極流出，正極端則有電子流入；而鋅銅電池放電時，電子的運動方向是相反的。藉由乾電池的電力，可使化學反應進行的方向和放電時相反。

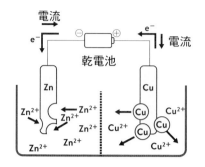 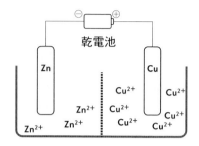

在 Zn 電極上進行的反應如下所示，水溶液中的 Zn^{2+} 會與電子反應，形成 Zn 並附著在電極上。

$$Zn^{2+} + 2e^- \rightarrow Zn$$

另一方面，在 Cu 電極上的 Cu 會變成 Cu^{2+}，並溶解到水溶液中，也就是 Cu 會脫離電極。

$$Cu \rightarrow Cu^{2+} + 2e^-$$

這些反應不像放電那樣能夠自然發生，而是只有在外加電力時才會發生。充電是使用別的電池（或插入電源插座），引起與放電時相反的反應來達成。雖然這樣可以幫鋅銅電池充電，但硫酸銅水溶液中的 Cu^{2+}，會逐漸越過隔板向左側移動，與電子反應產生 Cu，而且可能會附在 Zn 電極上（$Cu^{2+} + 2e^- \rightarrow Cu$），

所以難保電池在充電後可以恢復成原來的狀態。最後要記得,用它舉例是為了方便說明,實際上不能做為充電電池使用。

6　鋰電池與鋰離子電池 Li、Li⁺

這裡來討論上個單元一開始介紹的鋰離子電池。首先來說明一下什麼是「鋰電池」。鋰電池是在鋰離子電池之前研發出來的,它的名稱中沒有離子,會是什麼樣子呢?下面是鋰電池的示意圖。

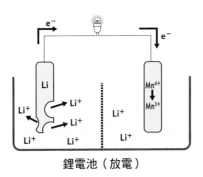

鋰電池(放電)

顧名思義,鋰電池左側的電極是由「鋰」Li 這種金屬製成的,放電時電子會從鋰電極放出。鋰放出一個電子後就變成鋰離子 Li⁺。另外,鋰遇到水會發生化學反應,所以電池內部的液體是使用有機溶劑(油性液體)。

$$Li \rightarrow Li^+ + e^-$$

　　鋰放出的電子會向另一側電極移動，而另一側電極標示為 Mn^{4+}（實際上以二氧化錳 MnO_2 的形式存在），Mn^{4+} 會接收一個從導線傳入的電子，變成 Mn^{3+}。獲得一個電子後，錳的正電荷減少了一個。

$$Mn^{4+} + e^- \rightarrow Mn^{3+}$$

這裡是簡寫的反應式，實際上是 $MnO_2 + e^- + Li^+ \rightarrow LiMnO_2$，$Li^+$ 被右側電極吸收了。

　　另外，右側還有許多其他類型的電極可用來接收電子。例如硫化亞鐵（FeS，Fe 是鐵）、氧化銅（CuO）、一氟化碳（$(CF)_n$）和亞硫醯氯（$SOCl_2$）等都可以使用。其中含有金屬的電極是 FeS 和 CuO，剩下的 $(CF)_n$ 和 $SOCl_2$ 不含金屬。由此來看，鋰電池與鋅銅電池有點不同，但它們有共同的反應過程：其中一側的電極發生化學反應，產生電子，這些電子再到達另一側電極，引起化學反應。

　　接下來談談鋰電池的優點。使用鋰做為電極有個很大的好

處，因為鋰是一種非常容易成為正離子的金屬，甚至比前面介紹的 Zn 還要容易成為正離子。

$$Li > Zn > Cu$$
←
容易形成正離子

　　鋰電池與之前的電池相比，具有很大的能量，因為 Li 很容易變成離子。也就是説，愈來愈多電極中的 Li 溶解形成 Li^+，同時相應產生的電子就會從電極中釋放出來。由於鋰電池的能量很大，即使是做成像鈕扣般大小的電池，也有足夠電力可以使用（也有圓柱形的）。鈕扣電池的內部細節與前面介紹的示意圖不同，但原理仍是一樣的。此外，鋰是最輕的金屬，所以具有減輕電池重量的優點。

　　前面已經解釋過充電了，而電池能不能充電很重要。舉一個大家熟悉的例子，使用智慧型手機的人，可能每天都要幫手機充電。鋰電池雖然具有能量大、重量輕、體積小的優點，但它不能做為充電電池使用。這是什麼意思呢？來看一下如何幫鋰電池充電。充電與放電時發生的反應相反，電池充電時，液體中的 Li^+ 接收電子並成為 Li（$Li^+ + e^- \rightarrow Li$）。生成的 Li 附著在左側電極上，使電極的表面變得凹凸不平。隨著反覆進行放電與充電，凹凸不平的部分愈來愈大，就會變成像下頁圖中顯示的樣子。

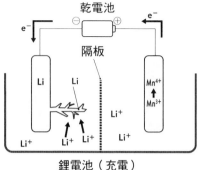

乾電池

e^- ⊖ ⊕ e^-

隔板

Li　Li

Mn^{4+}

Mn^{3+}

Li^+

Li^+　Li^+　Li^+　Li^+

鋰電池（充電）

　　如圖所示，樹枝狀的突起物向外伸出，最終將突破隔板並與另一側電極發生碰撞。當然，這個突起物是由鋰形成的，也會使得大量電流直接在電極之間流動，所以導致電池內部溫度升高，可能會發生爆炸，非常危險！這是一個很大的問題，所以鋰電池很難做為充電電池使用。

　　那麼，「鋰離子電池」到底是一種什麼樣的電池呢？它和鋰電池一樣，體積小而能量大，且重量很輕，這些特性都和鋰電池相似，但鋰離子電池還有一個很大的優勢──可以充電。

　　鋰離子電池的示意圖如下頁所示，左側電極有層狀的碳，先把這個電極當做①；右側電極則是由「鋰鈷氧化物」（$LiCoO_2$）製成的，「鈷」是金屬元素 Co。從圖中可看出，除了 Co 以外，還有氧 O、鋰離子 Li^+ 和電子 e^- 存在；這一側電極也是層狀的構造，每層之間有 Li^+ 存在，把這個電極當做②。順帶一提，鋰離子電池和鋰電池一樣，內部的液體都是有機溶劑（油性液體）。

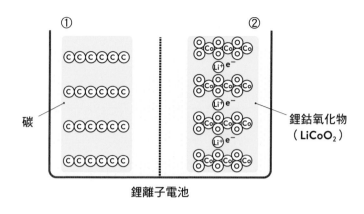

碳

鋰鈷氧化物
（LiCoO₂）

鋰離子電池

　　我們來仔細看一下，要如何幫鋰離子電池充電。我們像先前一樣設置乾電池，如下圖所示。

　　電子從乾電池的正極進入，從負極流出，在這個過程中，原本在②電極的電子會通過導線移動到①電極，並存在碳層附近。另外，②電極中的 Li⁺ 則經由鋰離子電池內部移動到①電極，並存在碳層之間。如此一來充電就完成了。

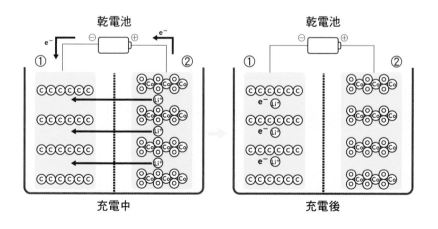

充電中

充電後

接下來繼續解釋鋰離子電池的放電。如果將小燈泡連接到導線上，會發生與充電時相反的情況。①電極中的電子會通過導線到達②電極，所以與導線相連的小燈泡會發亮；Li$^+$則通過電池內部移動到②電極。這樣一來，電子和Li$^+$都進入了②電極，電池會恢復成原來的狀態。無論是充電還是放電，電子都在導線裡流來流去，而Li$^+$則是在電極之間移來移去。

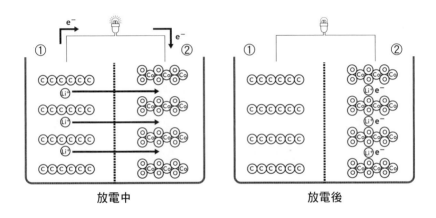

放電中　　　　　　　　　　　放電後

使用鋅銅電池和鋰電池時，會發生某一側電極的金屬減少，或金屬會附著在某一側的電極上。而鋰離子電池的電極不會發生這麼大的變化，只會在電極內部發生變化而已，因此鋰離子電池可以有效的進行充電和放電。

鋰電池無法做為充電電池，是因為鋰會形成樹狀突起物附著在電極上，這是很危險的。而鋰離子電池的製造方式，可使鋰在充電時不會附著在電極上（Li$^+$不會變成Li），因此提高了安全

性，所以可做為充電電池。

　　另外，前面提到鋰電池具有很大的能量，主要是因為鋰很容易變成離子；而鋰離子電池則是因為 Li^+ 很容易從碳電極中逸出，所以有龐大的能量。

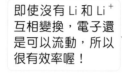

因為始終保持鋰離子的狀態，所以是鋰離子電池！

即使沒有 Li 和 Li^+ 互相變換，電子還是可以流動，所以很有效率喔！

Chapter **6**
來看看戶外的化學式！

終於來到最後一章了，最後要走向戶外喔！那麼，來學習
與戶外有關的化學吧！

1 汽油與石油

在戶外移動有各式各樣的方法，例如：步行、騎自行車、搭
公車、騎機車、開車……等等。其中讓人不需花費太多體
力，就能到處移動的交通工具，就是汽車或機車等，它們使用的
燃料是「汽油」。

　　對汽車和機車來說很重要的汽油，是從「石油」中提煉出
的。根據 2015 年統計，日本的石油有 99.6% 仰賴進口而來。進
口至日本的石油中，有八成都是來自包含沙烏地阿拉伯在內的中
東地區。雖然仰賴進口，但日本在秋田縣或北海道也有石油出
產；即使產量逐年下降，日本境內還是有石油出產★。前面我們
談論肥皂時，也提到過石油，並說明了水和油。石油當然是油，
從石油中取得的汽油，當然也是油。

★編註：根據 2020 年統計，臺灣的原油和燃料油等等石油產品有 99.8% 以上仰賴
　　　　進口而來。進口至臺灣的石油中，有七成五以上來自沙烏地阿拉伯、科威
　　　　特等中東國家，而近年來也提升了向美國進口的石油比例。

石油的外觀是漆黑渾濁的液體，有些微的光滑，它被認為是古代生物體死亡後，在地底深處被細菌分解，並經過高溫高壓而形成的物質（目前針對石油的形成有各種理論）。

通常在地下一至四公里處最容易發現石油，更深的地底也可能會有。石油被認為是從數億年前的生物體轉變而來，藉由這種方式產生的石油中，含有什麼樣的分子呢？石油包含了大量由碳C與氫H所組成的分子，估計大約有數百萬種！這類分子稱為「碳氫化合物」（烴類），就其中所含的碳數而言，從只含有一個碳，到大約包含五十個碳的分子都有，例如下圖所示的結構。

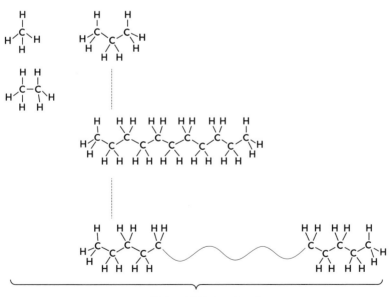

很多 C 連接在一起

有跟油脂分子一樣，C 以直線形連接在一起的分子構造；也有如下圖所示的環狀分子。

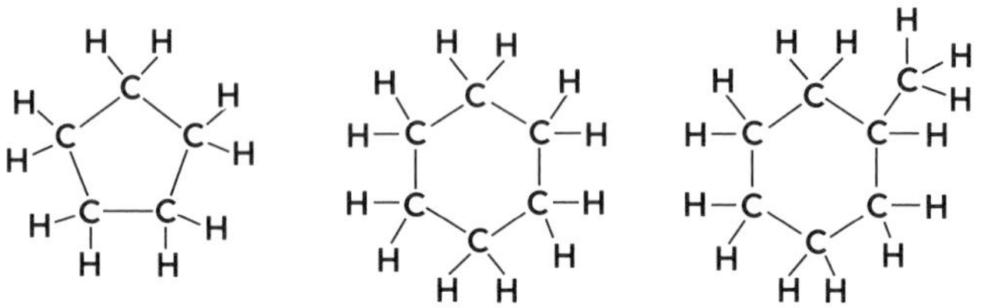

石油所含的成分中，可分類為「天然氣」、「石腦油」、「煤油」、「柴油」和「殘油」等，這些是依據石油中分子的含碳數量來分類。在寫法上，由碳 C 和氫 H 所組成的分子，也只會寫出碳的數量，以寫成 C_1 或 C_5 等方式來表示，在石油工業領域中，通常都是以這種方式表達，但在化學領域中卻很少見（化學上會把 C_1 右下角的 1 省略）。因此天然氣的話會寫成 C_1-C_4，這是指含有一個 C 的分子到含有四個 C 的分子，都包含在這一分類中。像是具有兩個 C 的「乙烷」，和具有三個 C 的「丙烷」，便會寫成 C_1-C_4，當然，如我們所見，每個分子都有連接著一些氫。

沸點

H H
| | |
H—C—C—H
| |
H H

H H H
| | |
H—C—C—C—H
| | |
H H H

C_2H_6（乙烷）、C_3H_8（丙烷）等
具有 1~4 個碳 C 的分子

天然氣
C_1-C_4　　　　　室溫以下

石腦油
C_5-C_{11}　　　　　30~180℃

煤油
C_9-C_{18}　　　　　170~250℃

柴油
C_{14}-C_{23}　　　　240~350℃

殘油
C_{16} 以上　　　　350℃以上

　　如上所示，最右側的項目是「沸點」，由於每種分子的沸點都不同，所以標示的是這一群分子的沸點範圍。事實上，石油的不同成分就是依照沸點來分類的。仔細觀察沸點這一項，可以發現，類別愈往下溫度就愈高。最上面 C_1-C_4 的沸點比室溫低，所以這類分子為氣體狀態，也就是所謂的天然氣。C_3 的分子「丙烷」，是大家所熟知的「液化石油氣」中的主要成分。分子較小（原子數量較少）時，通常會傾向於成為氣體狀態；除了天然氣之外，像 H_2 或 O_2、N_2 等較小的分子，也都是氣體。

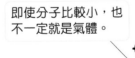

即使分子比較小，也
不一定就是氣體。

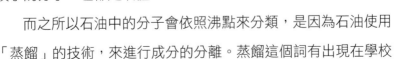

　　而之所以石油中的分子會依照沸點來分類，是因為石油使用「蒸餾」的技術，來進行成分的分離。蒸餾這個詞有出現在學校

的教科書裡，也許有些人在實驗課中有操作過，或是有些人可能聽過「蒸餾酒」這個詞。使用蒸餾法，可以分離兩種以上成分的混合物。

那蒸餾這項技術是如何操作的呢？我們來回憶一個具體的例子。前面曾說過，如果要取出海水中的鹽 NaCl，就要將海水晒乾；相反的，如果要除去海水中的鹽，只留下水的時候，就需要用到蒸餾技術，也就是進行如下圖的實驗。在圓形燒瓶中倒入海水（主要成分是 H_2O 與 NaCl），並在燒瓶下方以本生燈加熱；燒瓶上方的支管周圍是冷凝管，有冷卻水流通，然後在冷凝管的末端放置一個錐形瓶。

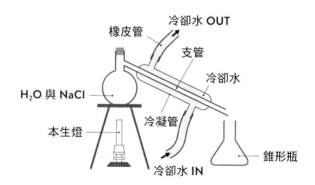

首先，需要煮沸圓形燒瓶中的海水。持續加熱至 100℃ 左右時，海水就會沸騰（實際上受到 NaCl 影響，沸點會略高於 100℃，這種現象稱為「沸點上升」），氣態 H_2O 會不斷向上冒出來。

　　這裡要從分子的層級來看看沸騰的狀態。我們通常會使用熱水瓶或水壺來燒開水，當水沸騰時，分子會因加熱的能量而運動，並向外逸出，看起來就像是從水裡咕嚕咕嚕的冒出氣泡，而這個氣泡中包含了變成氣體的水分子。

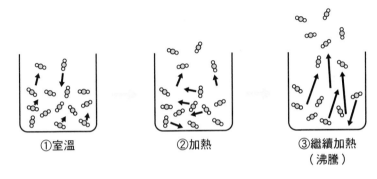

①室溫　　　　　　②加熱　　　　　③繼續加熱
　　　　　　　　　　　　　　　　　　　（沸騰）

　　如圖①所示，即使是在室溫下，水分子也會在水中來回運動。一定數量的水分子會變成氣態，從水面散逸出去，有些水分子會再變回液態回到水中。所以在室溫時，水分子會以水面為界，在液態與氣態之間來回變化。

　　若加熱水，水分子會變得比較活潑，從水面散逸出去的分子會增加（圖②）；繼續加熱達到沸點（100℃）時，就會變成圖③，此時水分子的運動變得更加激烈，不僅是水面上的分子散逸，內部大量的水分子也會向外逸出，這個狀態就是沸騰。這種現象不只是水分子有，包括乙醇（C_2H_5OH，酒的成分）和石油中所含的分子在內，都可能發生沸騰的現象。

回到蒸餾的話題。沸騰的 H_2O 以氣態的形式大量逸出，氣態水分子在支管被冷凝管中的冷卻水降溫後，會變回液態的 H_2O，再流進錐形瓶中。

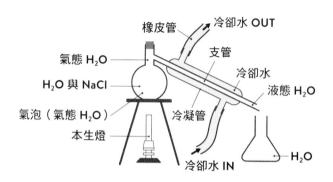

再持續加熱，就可以分離 H_2O 和 NaCl，而 NaCl 會殘留在左側的圓形燒瓶中。由於 NaCl 原本是固體，H_2O 是液體，透過蒸餾，就能將固體與液體分開。

我們再回來談談石油。石油內的分子雖然可依照碳數來分類，但原本就是全部混合在一起的狀態，包含了數百萬種的液體或氣體分子。想要用蒸餾法來分離石油的成分，並不像蒸餾海水那麼簡單。另外，水的沸點是 100℃，但石油中各種分子的沸點都不盡相同，如下頁表所示。

		沸點
甲烷	CH_4	-162℃
乙烷	C_2H_6	-89℃
丙烷	C_3H_8	-42℃
己烷	C_6H_{14}	69℃
辛烷	C_8H_{18}	126℃
十二烷	$C_{12}H_{26}$	215℃
水	H_2O	100℃
乙醇	C_2H_5OH	78℃

　　碳氫化合物的分子愈大，沸點就愈高。另外，水的沸點為100℃，而乙醇為 78℃，以這兩種分子的大小來看，算是具有很高的沸點；這是因為水和乙醇，都具有「氫鍵」，在氫和氧連接的部分，分別帶有些微正電及些微負電。由於分子間藉由氫鍵互相吸引，使分子不易從液體內部散逸出來，因此沸點比較高。

　　順帶一提，蒸餾酒就是藉由蒸餾法，提取出乙醇與水混合液體中的乙醇，以提高酒精濃度，如下頁圖所示；這種方法可以將沸點較低的分子先提取出來。

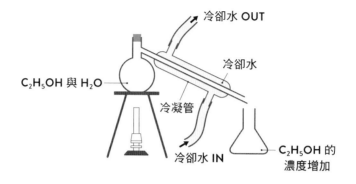

冷卻水 OUT

冷卻水

C_2H_5OH 與 H_2O

冷凝管

冷卻水 IN

C_2H_5OH 的
濃度增加

　　蒸餾石油和製作蒸餾酒的道理相同。可以想像，加熱石油時，沸點較低的分子會先跑出來。但是，我們不可能把石油中每一種分子都個別分離出來，蒸餾法收集到的是沸點相近的分子。下頁示意圖的右側，列出了石油分離出的物質。

　　蒸餾前的石油稱為「原油」，原油被加熱後變成氣體，經過冷卻後再變回液體（天然氣則維持氣態）。利用沸點的差異，就可分離石油中的成分，最後各種成分再經過加工，就可以製成產品。例如汽油，可由石腦油製造而成。在石腦油中加入一種特殊試劑後，加熱會引起化學反應，然後再混合其他添加劑，就可製成汽油。汽油也是由「重油」和「輕油」製成的，所以汽油中含有各種分子。如你所知，汽油提供汽車等各種車輛移動的動力。

　　我們在討論衣物時介紹過「聚酯纖維」這種材料，它也可以從石油的成分中製造出來。這個過程比較專業一點，會在後面做進一步介紹。

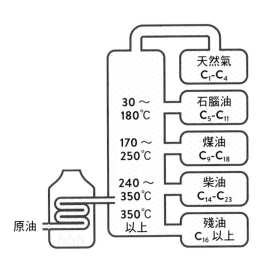

	天然氣 C_1-C_4
30～180℃	石腦油 C_5-C_{11}
170～250℃	煤油 C_9-C_{18}
240～350℃	柴油 C_{14}-C_{23}
350℃以上	殘油 C_{16} 以上

原油

　　順帶一提，原油蒸餾後殘留在裝置底部的殘油，將裝置的壓力降低後再次進行蒸餾，可以分離出「重油」、「潤滑油」和「瀝青」。由於殘油的沸點太高了，藉由降低壓力的方式，可以降低它的沸點。

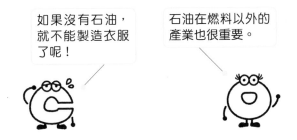

如果沒有石油，就不能製造衣服了呢！

石油在燃料以外的產業也很重要。

　　那汽油是如何轉化為能量提供動力的呢？汽油中包含各式各樣的分子，後面以化學式 C_8H_{18} 的碳氫化合物做為例子。

首先來看看這個反應式。

$$C_8H_{18} + 12.5O_2 \rightarrow 8CO_2 + 9H_2O + 能量$$

將這種分子與氧氣混合燃燒,會產生能量。若沒有氧氣,物體就無法燃燒,這就是在反應式左側的 O_2。物質與氧氣發生反應,同時產生光和熱,就是所謂的「燃燒」(第一章已介紹過氫的燃燒)。在引擎中會進行燃燒反應,產生的能量可為汽車提供動力;同時,也會產生水與二氧化碳。

因為寫在氧氣前面的 12.5 有小數位,可能不容易理解,我們將整體反應式乘以兩倍,就會比較好理解了。

$$2C_8H_{18} + 25O_2 \rightarrow 16CO_2 + 18H_2O + 能量$$

(前面反應式的兩倍)

像這樣,汽油分子(碳氫化合物)在引擎內燃燒,可產生能量,使汽車等交通工具動起來。實際上,汽油轉變成二氧化碳與水時,會經過更複雜的過程,這個過程也是專家們研究的對象。

現在請再多思考一下這個反應式,仔細觀察,會發現它很像之前第二章介紹呼吸作用時的化學反應式。

$$C_6H_{12}O_6 + 6O_2 + 6H_2O \rightarrow 6CO_2 + 12H_2O + 能量$$

　　動物呼吸時，體內的酶會促進反應進行，並產生能量；汽油被點燃後，也會發生反應並獲得能量。雖然觸發反應的關鍵不同，但兩者可以用相似的化學反應式來表示，實在令人驚訝呢！

2　再多說一點！石油製成的產品

這裡要來補充與石油有關的話題。我們將更具體的說明，關於「將石油的成分分離，再經過化學反應轉化，就會變成聚酯纖維的材料」這一點。聚酯纖維通常是指「聚對苯二甲酸乙二酯」（PET），它是由許多分子連接在一起所組成的高分子（聚合物）。製造這種分子需要「對苯二甲酸」與「乙二醇」兩種材料，這兩種分子就是從石油中提煉而成的。

　　第一種材料對苯二甲酸，是從石油中取得的「對二甲苯」（p-Xylene，p 是 para 的縮寫，代表「對位」）經過化學反應轉變後獲得。對二甲苯是由石腦油生產而來，在含有氧分子 O_2 的狀態下，使對二甲苯與含有元素鈷 Co、錳 Mn 及溴 Br 的化學藥品進行反應，這種化學反應需要在 200℃ 以上的高溫下進行，

所以需要大量的能量。如下圖所示，反應後，兩端的碳 C 連接三個氫 H 的部分發生轉變了。因為加入了氧 O，所以是一種氧化反應。最後可以得到對苯二甲酸。

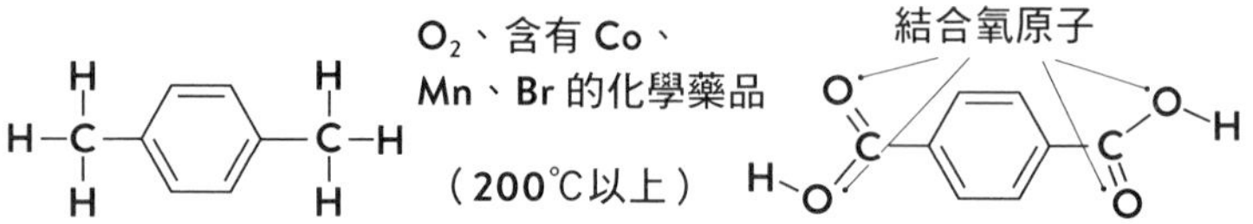

對二甲苯 C_8H_{10}
（從石油取得）

O_2、含有 Co、Mn、Br 的化學藥品
（200℃以上）

結合氧原子

對苯二甲酸 $C_8H_6O_4$
（衣物的原料）

另一種材料乙二醇，是從石油中的乙烯經過化學反應得到的。乙烯是從天然氣或石腦油加熱分解而獲得，它是碳與碳之間由兩條線連接在一起，並連接四個氫的分子。首先，在含有氧分子 O_2 的狀態下，加入含有銀 Ag 和氧化鋁 Al_2O_3 混合的化學藥品進行反應，而且需要在 200~300℃的高溫下進行，這會使乙烯與氧 O 結合，轉變為具有三角形結構的「環氧乙烷」分子（C_2H_4O）。接下來，將環氧乙烷加熱並與 H_2O 反應，就可以獲得乙二醇了。

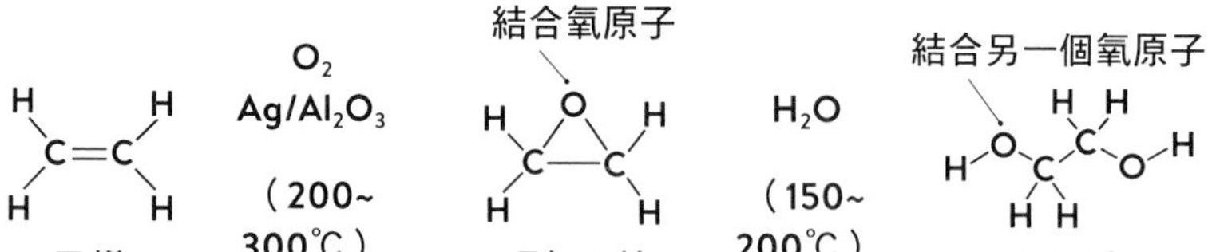

乙烯
C_2H_4
（從石油取得）

O_2
Ag/Al_2O_3
（200~300℃）

結合氧原子

環氧乙烷
C_2H_4O

H_2O
（150~200℃）

結合另一個氧原子

乙二醇
$C_2H_6O_2$
（衣物的原料）

藉由化學反應，可以將石油中的分子，製成衣物或寶特瓶的原料。對苯二甲酸和乙二醇，都是碳氫化合物中，再加入氧原子製造而成。人類透過化學反應，改變了從自然界所獲得的分子，並製造出各種產品呢！

化學反應在日常生活中很有用呢！

3　輪胎——橡膠 $(C_5H_8)_n$

目前為止我們討論了石油與汽油的話題，這裡要來看看與汽車有關的「輪胎」。你知道輪胎是由「橡膠」製成的嗎？構成橡膠的分子，則是由許多分子連接在一起而形成的巨大分子，稱為高分子（聚合物），在本書中也已提過很多次了。

橡膠的特徵之一是具有彈性，它被彎曲或拉長後，能夠恢復原狀。我們從分子的層級來思考橡膠的彈性。組成橡膠的分子有許多種，其中最有名的是「聚異戊二烯」。聚異戊二烯是由大量「異戊二烯」（C_5H_8）聚集而成的分子。首先，來看看異戊二烯的結構和化學式。（見下頁圖）

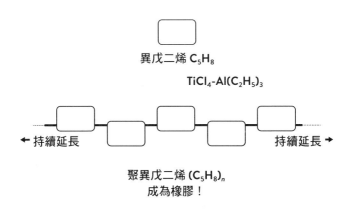

異戊二烯 C$_5$H$_8$

　　我們將異戊二烯的結構簡化為四邊形來說明。異戊二烯是由石腦油再加熱而製成的，藉由人為化學反應連接在一起時，可以形成聚異戊二烯 (C$_5$H$_8$)$_n$。然後使用特殊的化學藥品「TiCl$_4$-Al(C$_2$H$_5$)$_3$」加入化學反應，可產生聚異戊二烯，最後製成橡膠。

異戊二烯 C$_5$H$_8$

TiCl$_4$-Al(C$_2$H$_5$)$_3$

← 持續延長　　　　　　　　　持續延長 →

聚異戊二烯 (C$_5$H$_8$)$_n$
成為橡膠！

　　這是一種非常優秀的反應。實際上，有許多其他反應方式，常導致聚異戊二烯形成不同的連接方式，因此高分子的性質也不同。像下圖，就是性質像塑膠般堅硬的分子（有優先形成這種聚異戊二烯的方法，也有只形成少量的方法）。

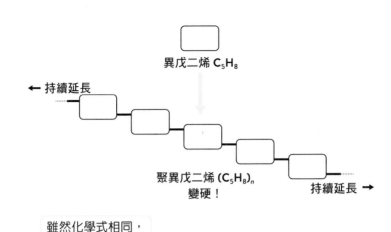

異戊二烯 C_5H_8

← 持續延長

聚異戊二烯 $(C_5H_8)_n$
變硬！

持續延長 →

雖然化學式相同，
但連接方式不同！

　　我們來介紹一下複雜的化學藥品 $TiCl_4$-$Al(C_2H_5)_3$，因為比較困難，所以簡略的説明一下。Ti 是金屬「鈦」的元素符號，你可能聽過「鈦合金」或「鍍鈦」這些名詞；Al 是金屬「鋁」的元素符號，可用於製造鋁罐或硬幣，是一種與我們生活息息相關的金屬。

　　$TiCl_4$-$Al(C_2H_5)_3$ 這種藥品被發現可以有效控制聚異戊二烯的連接方式，被稱為「齊格勒－納塔催化劑」。「催化劑」就像酶一樣，是一種能促進反應進行的物質。這個催化劑獲得了高度的評價，對它的合成與應用有傑出貢獻的齊格勒（Karl Waldemar

Ziegler）教授與納塔（Giulio Natta）教授，在 1963 年獲得了諾貝爾化學獎。

順帶一提，其實還有其他方法喔！使用「有機鋰試劑」這種化學藥品，可以更有效率的製造具有橡膠性質的聚異戊二烯。

現在我們回來談談聚異戊二烯。首先來看看兩種不同連接方式的結構差異。如下圖所示，在上面畫一條輔助線，就能看出明顯的不同。有橡膠性質的聚異戊二烯為①，變硬的聚異戊二烯為②。

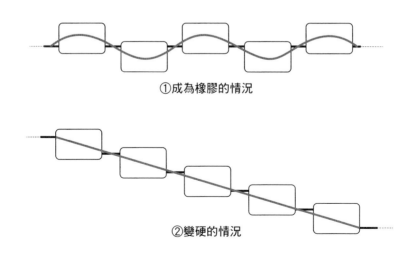

①成為橡膠的情況

②變硬的情況

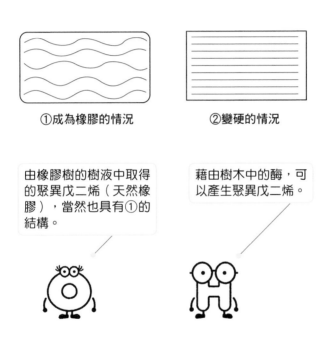

　①的聚異戊二烯呈現波浪狀，具有彈性；而②的聚異戊二烯則是直線形，質地像塑膠一樣堅硬，為什麼會出現這種差異呢？

　我們用前面的輔助線來説明，並畫成如下所示的示意圖。因為①的聚異戊二烯是波浪狀，不容易緊緊密合，所以不會變硬；而②的聚異戊二烯是直線形，可以緊緊的密合在一起，所以會變硬。

①成為橡膠的情況　　　　②變硬的情況

由橡膠樹的樹液中取得的聚異戊二烯（天然橡膠），當然也具有①的結構。

藉由樹木中的酶，可以產生聚異戊二烯。

　了解完聚異戊二烯後，接著來討論橡膠的彈性。下頁圖中用線條來表示橡膠分子，拉動前是有點雜亂的捲曲形狀，拉動後形狀伸展開來，但去除拉力後，橡膠又會恢復成原本的形狀。

拉伸

去除拉力

　　事實上，聚異戊二烯並不像我們平常使用的橡膠製品那麼有彈力，即使去除拉力也無法恢復原狀。那麼，聚異戊二烯是怎麼變成生活中廣泛應用的橡膠製品呢？答案是在聚異戊二烯中，添加某種分子來增加彈力，它就是「硫」S。

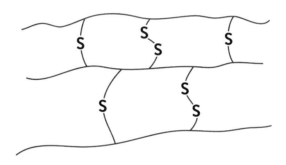

　　如上圖所示，硫 S 與聚異戊二烯連接在一起。這個過程稱為「硫化」，看起來像是一座橋的構造。還記得第四章在介紹紙尿布時也使用了類似的方法嗎？不過紙尿布形成的結構是為了鎖住水分子，與橡膠的目的不同。

　　使用硫來組成網狀結構，可以增加橡膠的彈性，變得更堅固更耐用。藉由這種結構，當橡膠被拉伸愈多，恢復成原本形狀的力量也愈強。

拉伸

去除拉力

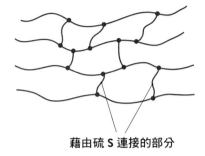

藉由硫 S 連接的部分

　　順帶一提，如果從橡膠樹取得聚異戊二烯，添加硫並加熱，再利用機器將橡膠製成圓筒狀，最後再切割成環狀，就會成為橡皮筋。

　　接著回來談談汽車輪胎。輪胎含有聚異戊二烯，也含有其他橡膠分子，其中最有名的就是「SBR」，這是「苯乙烯 - 丁二烯橡膠」（Styrene–Butadiene Rubber）的縮寫，是由「苯乙烯」及「丁二烯」這兩種分子所組成的巨大分子，它們也是從石油中取得的。

苯乙烯 C_8H_8　　　　　　　丁二烯 C_4H_6

　　順帶一提，輪胎呈現黑色，是因為添加了「碳黑」。碳黑是石油蒸餾後殘留的物質所製成的黑色粉末，其中 95% 以上的成分都是碳。

4 植物——氮氣的利用 N₂

本 書也快到尾聲了，最後兩個單元要來聊聊植物。我們吸入空氣中的氧氣，吐出二氧化碳；植物則相反，它會吸入空氣中的二氧化碳，並放出氧氣。那麼，有沒有生物會利用空氣中所含的大量氮氣 N_2 呢？氮氣在空氣分子中佔了將近 80%（體積百分比），雖然含量豐富，但我們人類無法使用它。不過，有些植物可以吸收和利用氮氣，它們就是豆科植物。

大豆、紫雲英和白花三葉草這類豆科植物，會與一種稱為「根瘤菌」的細菌一起生活。就如它的名字一般，根瘤菌可以在豆科植物的根部形成顆粒狀的根，並在其中生存（這種細菌並非一定要與植物共存，它也能獨自存活）。根瘤菌會吸收根部周圍的氮氣，並使用「固氮酶」，將氮氣轉變為「銨離子」NH_4^+，這個過程就稱為「固氮作用」。銨離子在第四章介紹尿素時也有出現過。

可以利用空氣中的氮氣？

因為根瘤菌具有一種特殊的酶。

豆科植物會獲取根瘤菌產生的銨離子，另一方面，也會將本身進行光合作用產生的養分供給根瘤菌。

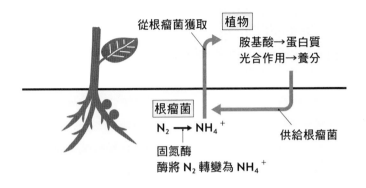

實際上，銨離子 NH_4^+ 是以不同的化學形式在根瘤菌和植物之間移動。

植物利用從根瘤菌獲取的銨離子，製造出各種胺基酸，這個過程被稱為「氮同化作用」。胺基酸裡都含有氮原子 N，表示植物使用了銨離子中的氮原子。

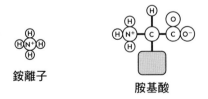

銨離子　　　　　胺基酸

植物利用胺基酸來製造蛋白質。蛋白質具有各種特性和機能，對人類來說非常重要，對植物來說也是如此。

豆科植物本身不會利用氮氣，而是透過與根瘤菌合作來使用氮氣；相反的，植物進行光合作用製造的養分會供應給根瘤菌，兩者之間建立起明確的供給與需求，這樣的關係就稱為「共生」。除了根瘤菌以外，藍綠藻和一部分細菌也會進行氮同化作用，這是我們人類所辦不到的。

　　那無法與根瘤菌共生的植物，就不能利用氮氣了嗎？並非如此。動物的屍體或排泄物，會被土壤中的細菌分解，變為銨離子 NH_4^+（銨離子的氮 N，就是由蛋白質等所含的氮原子而來）。而植物可以吸收銨離子，並利用它製造出胺基酸和蛋白質。當植物被動物吃掉時，胺基酸和蛋白質就會回到動物身上。

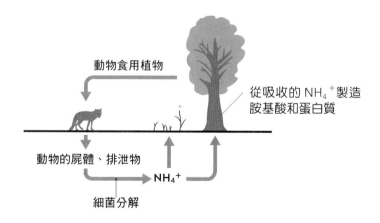

動物食用植物

從吸收的 NH_4^+ 製造胺基酸和蛋白質

動物的屍體、排泄物

NH_4^+

細菌分解

　　這樣看下來，就可以了解氮原子是被轉變成各種形式，在自然界中不斷的循環。

藉由根瘤菌的幫助，豆科植物即
使在銨離子含量稀少的土地上，
也有很強的生存能力。

與根瘤菌共生，是不
是豆科植物頑強的生
存方式呢？

　　也有其他的氮循環方式，像是動物屍體中所產生的銨離
子，被細菌轉變為亞硝酸根離子 NO_2^-，再轉變為硝酸根離子
NO_3^-，接著再被植物吸收，在體內轉變成銨離子，製造出胺基
酸和蛋白質。此外，植物體內的酶也發揮了作用。

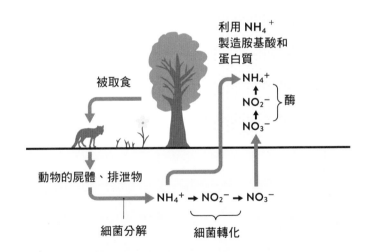

5　再多說一點！來自植物的能量

終於來到最後一個單元。前面已說明了石油，以及從石油中獲得的汽油，最後要來談談以植物替代汽油的相關話題。來自於植物的「汽油」，真實身分是「乙醇」，也就是酒的主要成分，以酒來代替汽油還真是神奇！

將乙醇當做燃料時，特別稱為「生物乙醇」，會依照下面的反應式燃燒並產生能量。

以植物替代汽油……？

$$C_2H_5OH + 3O_2 \rightarrow 2CO_2 + 3H_2O + 能量$$

「燃燒」在石油的章節有學過喔。

由此獲得的能量，能使汽車發動。這種乙醇可從「玉米」或「甘蔗」之類的植物中取得。利用植物製造出來的燃料有什麼好處呢？使用汽油時，除了獲得能量之外，也會排放出二氧化碳。二氧化碳是一種「溫室氣體」，被認為是造成全球暖化的原因之一，所以在使用汽油時，二氧化碳的排放量是一大問題。

做為生物乙醇原料的植物，生長過程中需要利用二氧化碳來進行光合作用，所以即使燃燒生物乙醇會排放二氧化碳，只要同時種植這些植物，讓植物消耗等量的二氧化碳，實際上二氧化碳的排放量就等於歸零了。這個想法被稱為「碳中和」。

此外，植物可以在短時間之內成長，最長的生長時間也是數百年；另一方面，形成石油就必須經過很長很長的歲月。如果生物乙醇能普及使用的話，就可以節省石油了！

二氧化碳

光合作用　　　　　　　　　　　燃燒

甘蔗、玉米　　→　　生物乙醇　　→　　汽車

這裡來說明一下「溫室氣體」。有些氣體會吸收地球表面產生的熱能，當這些氣體釋放出之前所吸收的熱能時，熱能不只會散逸到宇宙，也會返回到地表，結果導致地表的溫度升高。具有這種作用的氣體，就被稱為溫室氣體。

我們接著談談生物乙醇。現在美國和巴西已普遍使用生物乙醇了，其中美國使用玉米，而巴西使用甘蔗來製造生物乙醇，這是由於盛產的作物不同的緣故；他們在汽油中混入 10~25% 左右的生物乙醇來使用。日本則在 2007 年開始販售混有 3% 生物乙醇的汽油，但目前還未普及。

汽油中只混入少量生物乙醇，是因為如果加入過多的生物乙醇，會腐蝕汽車的零件；另外一旦混入水分後，乙醇會溶於水中並與汽油分離，會增加危險性！然而如同前面所說的，在汽油內混入生物乙醇可以降低石油的消耗量，也能抑制大氣中二氧化碳濃度的增加。也有一些汽車是無論汽油和生物乙醇的混合比例如何都可以使用，在巴西似乎很普遍。

這種汽車，被稱為彈性燃料車
（Flexible Fuel Vehicle，FFV）。

順帶一提，這種生物乙醇是由植物中所含的碳水化合物，例如澱粉和蔗糖等醣類轉變成的。回想一下這些分子是什麼呢？澱粉包含直鏈澱粉和支鏈澱粉，它是米的主要成分；玉米也含有澱粉。糖的主要成分為蔗糖，在介紹砂糖時有提到過；蔗糖可以從甘蔗中取得。

那麼，我們來詳細看看如何製造生物乙醇，首先以澱粉來說明。澱粉進入體內後，會被酶分解而產生葡萄糖。化學工廠也會進行同樣的反應：使用酶將玉米中的澱粉分解，來獲得葡萄糖。以這種方式取得的葡萄糖，還可以分解為乙醇，但此時就要借助微生物——真菌的力量；更準確的說，是要使用真菌具有的酶的力量。化學反應式如下頁。

$$C_6H_{12}O_6 \xrightarrow[\text{（所含的酶）}]{\text{酵母菌}} 2C_2H_5OH + 2CO_2 + 能量$$

葡萄糖
或果糖

乙醇

這個過程就是所謂的「發酵」，你應該有聽過這個詞；它是藉由非常微小的真菌來進行的，也就是「酵母菌」。反應式右側所寫的「能量」，是用於發酵的酵母菌本身；而同時產生的乙醇，則是做為汽車的燃料使用。順帶一提，乙醇是酒的主要成分，所以酒也是經由發酵而製成的。

接下來是蔗糖的例子，這裡也需要使用酵母菌。酵母菌所含的酶，會先將甘蔗中的蔗糖分解成葡萄糖與果糖，再經過發酵作用，就可以分解出乙醇。

結 語

看到本書結尾，你覺得如何呢？在我們肉眼看不見的世界裡，分子或離子結合又分離。如果想像這種看不見的世界，能讓化學變得有趣的話就太棒了！（事實上，最近以新型的儀器已經可以稍微看見了⋯⋯）

回想起還是大學生的時候，對於那些看不見的分子有秩序的構成整個世界，令我印象深刻。在國中和高中時，我並沒有用功到對化學產生感動；還記得我是在重考時拚了命的努力讀書，終於考上大學成為大學生後，才感受到這種對化學的熱情。這麼說有點奇怪，但是為了將這份感動，傳達給對化學不在行或討厭化學的人，所以我寫下了這本書。正如我在序言中提到的，希望能使各位國高中生，感受到理化或化學課程帶來的樂趣，並提升學業成績。而對於社會人士來說，如果能以化學的角度來理解新聞內容，且能反映在自己的工作上，那麼身為化學家的我，沒有什麼會比這點更令人開心的了。

正如你在本書中所看到的，如果只是盯著化學式看，通常很難真的理解它，所以需要觀察詳細的結構，並進一步思考。例如只看 $C_6H_{12}O_6$ 這個化學式，但不去觀察它的結構細節，也就無法理解它是什麼樣的分子了；是葡萄糖還是果糖，無法分辨出來。

即使它是葡萄糖，也有可能是 α - 葡萄糖或 β - 葡萄糖。化學式愈複雜，仔細去了解其結構也就愈重要。

　　本書中介紹了各式各樣的化學式，但在高中化學課程裡，像 $C_6H_{12}O_6$、O_2 或 H_2O 等，還可以再細分為下面的不同類型。

　　分子式：例如 H_2、O_2、H_2O、CH_4O（甲醇）等，可以完整表達分子中所含的原子種類與數目。

　　實驗式：例如 $NaCl$、C、Cu 等，又稱為簡式，僅表示出物質中原子的種類與其數目的最簡單整數比。

　　離子式：例如 Na^+、Cl^- 等，可以用來表達離子。此外，在化學上，正負符號通常都是表示帶正電荷或負電荷，並非表示電力。

　　結構式：例如 H － H 或 O ＝ O 之類的表達方式，可以看出原子之間結合的情況。

　　示性式：例如 CH_3OH（甲醇），類似於分子式，但可以看出其結構特性（能表示出分子具有的特殊原子團）。

　　希望你能將這些知識轉化成面對下個階段的利器。

　　最後，我想藉此機會，向給予本書許多專業建議的橋本善光博士（昭和藥科大學講師），以及提出許多寶貴意見的讀者高井

健一先生（のぽた有限責任公司代表），表達最深的感謝。

另外，也由衷感謝將本書以非常出色的方式完成的 Studio Post Age 與新井大輔先生、松本セイジ先生以及溜池省三先生。

我還要感謝編輯永瀨敏章先生與ベレ出版社的各位，給予我寶貴的機會寫作與支持。

2019 年 12 月　山口 悟

參 考 文 獻

國中、高中的參考書

戶嶋直樹、瀨川浩司 共編『理解しやすい化学 化学基礎収録版』文英堂（2012）

水野丈夫、浅島 誠 共編『理解しやすい生物 生物基礎収録版』文英堂（2012）

有山智雄、上原 隼、岡田 仁、小島智之、中西克爾、中道淳一、宮内卓也『中学総合的研究 理科 三訂版』旺文社（2013）←為第二章第1單元空氣成分比例的參考資料。

野村祐次郎、辰巳 敬、本間善夫『チャート式シリーズ 新化学 化学基礎・化学』数研出版（2014）

卜部吉庸『理系大学受験 化学の新研究 改訂版』三省堂（2019）

關於鹽、砂糖、味覺

伏木 亨『味覚と嗜好のサイエンス』丸善出版（2008）

食品保存と生活研究会 編著『塩と砂糖と食品保存の科学』日刊工業新聞社（2014）

山本 隆『楽しく学べる味覚生理学——味覚と食行動のサイエンス』建帛社（2017）

關於環糊精和氣味

寺尾啓二 著、服部憲治郎 監『食品開発者のためのシクロデキストリン入門』日本食糧新聞社（2004）

寺尾啓二 著、池上紅実 編『世界でいちばん小さなカプセル——環状オリゴ糖が生んだ暮らしの中のナノテクノロジー』日本出版制作センター（2005）

寺尾啓二、小宮山真 監『シクロデキストリンの応用技術 普及版』シーエムシー出版（2013）

平山令明『「香り」の科学——匂いの正体からその効能まで』講談社ブルーバックス（2017）

關於油脂和蔬菜的氣味

畑中顯和『化学と生物』Vol.31、No.12、826（1993）

畑中顯和『みどりの香り——植物の偉大なる知恵』丸善出版（2005）

畑中顯和『進化する"みどりの香り"——その神秘に迫る』フレグランスジャーナル社（2008）

C. Gigot, M. Ongena, M.-L. Fauconnier, J.-P. Wathelet, P. D. Jardin, P. Thonart, *Biotechnol. Agron. Soc. Environ.*, 14, 451（2010）

神村義則 監『食用油脂入門』日本食糧新聞社（2013）

原田一郎 原著、戸谷洋一郎 改訂編著『油脂化学の知識 改訂新版』幸書房（2015）

戸谷洋一郎、原節子 編『油脂の科学』朝倉書店（2015）

久保田紀久枝、森光康次郎 編『食品学』東京化学同人（2016）

關於蛀牙

浜田茂幸、大嶋隆 編著『新・う蝕の科学』医歯薬出版（2006）

NPO法人 最先端のむし歯・歯周病予防を要求する会 著、西真紀子 監『歯みがきしてるのにむし歯になるのはナゼ?』オーラルケア（2014）

相馬理人『その歯みがきは万病のもと──デンタルIQが健康寿命を決める』SBクリエイティブ（2017）

關於清潔

大矢 勝『図解入門よくわかる最新洗浄・洗剤の基本と仕組み』秀和システム（2011）

長谷川治 著、洗剤・環境科学研究会 編『これでわかる! 石けんと合成洗剤50のQ&A あなたは何を使っていますか?』合同出版（2015）

關於頭髮

ルベル / タカラベルモント株式会社『サロンワーク発想だからわかる！きほんの毛髪科学』女性モード社（2014）

前田秀雄『現場で使える毛髪科学 美容師のケミ会話』髪書房（2018）

關於小便、糞便、腸道菌

増田房義 著、高分子学会 編『高吸水性ポリマー』共立出版（1987）

中野昭一 編『生理・生化学・栄養 図説 からだの仕組みと働き』医歯薬出版（2001）←為第四章第9單元尿液成分比例的參考資料。

医療情報科学研究所 編『病気がみえる vol.8 腎・泌尿器 第2版』メディックメディア（2014）

NHKスペシャル取材班『やせる！若返る！病気を防ぐ！腸内フローラ 10の真実』主婦と生活社（2015）

坂井正宙『図解入門 よくわかる便秘と腸の基本としくみ』秀和システム（2016）

アランナ・コリン 著、矢野真千子 訳『あなたの体は9割が細菌──微生物の生態系が崩れはじめた』河出書房新社（2016）

ステファン・ゲイツ 著、関麻衣子 訳『おならのサイエンス』柏書房（2019）

關於液晶

松浦一雄 編著、尾崎邦宏 監『しくみ図解 高分子材料が一番わかる』技術評論社（2011）

鈴木八十二、新居崎信也『トコトンやさしい液晶の本 第2版』日刊工業新聞社（2016）

竹添秀男、宮地弘一 著、日本化学会 編『液晶——基礎から最新の科学とディスプレイテクノロジーまで』共立出版（2017）

關於棉纖維

加藤哲也、向山泰司 監『やさしい産業用繊維の基礎知識』日刊工業新聞社（2011）

信州大学繊維学部 編『はじめて学ぶ繊維』日刊工業新聞社（2011）

關於石油和石化產品

足立吟也、岩倉千秋、馬場章夫 編『新しい工業化学——環境との調和をめざして』化学同人（2004）

野村正勝、鈴鹿輝男 編『最新工業化学——持続的社会に向けて』講談社サイエンティフィク（2004）

齋藤勝裕、坂本英文『わかる×わかった! 高分子化学』オーム社（2010）

トコトン石油プロジェクトチーム 著、藤田和男、島村常男、井原博之 編著『トコトンやさしい石油の本 第2版』日刊工業新聞社（2014）

Harold A Wittcoff、Bryan G Reuben、Jeffrey S Plotkin 著、田島慶三、府川伊三郎 訳『工業有機化学（上）原料多様化とプロセス・プロダクトの革新（原著第3版）』東京化学同人（2015）

垣見裕司『最新 業界の常識 よくわかる石油業界』日本実業出版社（2017）←為第六章第1單元日本石油進口狀況的參考資料。

リム情報開発株式会社『やさしい石油精製の本 改訂版』リム情報開発株式会社（2018）

關於電池

渡辺正、片山靖『電池がわかる 電気化学入門』オーム社（2011）

藤瀧和弘、佐藤祐一 著、真西まり 画『マンガでわかる電池』オーム社（2012）

吉野彰 監『リチウムイオン電池 この15年と未来技術 普及版』シーエムシー出版（2014）

吉野彰『電池が起こすエネルギー革命』NHK出版（2017）

齋藤勝裕『世界を変える電池の科学』C＆R研究所（2019）

神野将志『電池ＢＯＯＫ』総合科学出版（2019）

關於輪胎

浅井治海『日本ゴム協会誌』Vol.50、No.11、743（1977）

蒲池幹治『改訂 高分子化学入門－高分子の面白さはどこからくるか』
エヌ・ティー・エス（2006）

伊藤眞義『ゴムはなぜ伸びる？——500年前、コロンブスが伝えた「新」
素材の衝撃』オーム社（2007）

ゴムと生活研究会 編著、奈良功夫 監『トコトンやさしいゴムの本』日
刊工業新聞社（2011）

井上祥平、堀江一之 編『高分子化学——基礎と応用 第3版』東京化
学同人（2012）

井沢省吾『トコトンやさしい自動車の化学の本』日刊工業新聞社（2015）

服部岩和『日本ゴム協会誌』Vol.88、No.6、227（2015）

關於生物乙醇

坂西欣也、澤山茂樹、遠藤貴士、美濃輪智朗 編著『トコトンやさしいバイオエタノールの本』日刊工業新聞社（2008）

小田有二『化学装置』Vol.53、No.6、8（2011）

古市展之、島本祥、西尾貴史、渡辺友巳、大橋美貴典、安田京平『マツダ技報』No.32、197（2015）

BOOK REPUBLIC 讀書共和國 | 快樂文化 Happy Publishing House | 有趣到睡不著 010

生活中的東西都可以寫成化學式

作　　者：山口悟
譯　　者：洪文樺
責任編輯：姚懿芯、許雅筑
封面設計：丸同連合｜內頁設計與排版：喬拉拉

出版｜快樂文化
總 編 輯：馮季眉
編　　輯：許雅筑
FB 粉絲團：https://www.facebook.com/Happyhappybooks/

讀書共和國出版集團
社　　長：郭重興
發 行 人：曾大福
業務平台總經理：李雪麗
印務協理：江域平｜印務主任：李孟儒
發　　行：遠足文化事業股份有限公司
地　　址：231 新北市新店區民權路 108-2 號 9 樓
電　　話：（02）2218-1417｜傳　　真：（02）2218-1142
法律顧問：華洋法律事務所蘇文生律師

印　　刷：中原造像股份有限公司
初版一刷：2021 年 11 月
初版二刷：2023 年 1 月
定　　價：360 元
I S B N：978-626-95197-5-0（平裝）

Printed in Taiwan 版權所有・翻印必究

國家圖書館出版品預行編目 (CIP) 資料

生活中的東西都可以寫成化學式 /
山口悟著；洪文樺譯 . -- 初版 . --
新北市：快樂文化出版：遠足文化
事業股份有限公司發行，2021.11
　面；　公分
譯自：身のまわりのありとあらゆ
るものを化学式で書いてみた
ISBN 978-626-95197-5-0(平裝)

1. 化學 2. 化學反應

340　　　　　　　　　110017478

MI NO MAWARI NO ARITOARAYURU MONO WO KAGAKUSHIKI DE KAITEMITA
©SATORU YAMAGUCHI 2020
Originally published in Japan in 2020 by BERET PUBLISHING CO., LTD.
Chinese translation rights arranged through TOHAN CORPORATION, TOKYO.
and Keio Cultural Enterprise Co., Ltd.

特別聲明｜有關本書中的言論內容，不代表本公司／出版集團之立場與意見，文責由作者自行承擔。